U0048313

呂明璋 ▶工具王阿璋 著

打開網路  就有錢

我靠自媒體與投資理財打造多元獲利模式

Foreword

推薦序

推薦序

　　世界上最好的投資是什麼？我常分享，永遠是**「投資自己的腦袋」**，因為你絕對不會虧錢，就算不幸遇到詐騙，你也收穫了寶貴的經驗。

　　我會認識阿璋，就是因為他很重視投資自己的腦袋，這本書中提到，他一年內可以花上超過六位數去購買各種課程，不斷進修。非常幸運的是，我的兩個線上課程都成為他投資自己的其中一部分。嚴格來說，我算是阿璋的「老師」之一，不過很奇怪的是，我卻好像常常有事情需要請教我的這位「學生」。

　　記得有一次約阿璋一起吃飯，我們聊到未來的人生規畫。我提到想研究一下加密貨幣，因為我覺得它可能會成為未來的主流貨幣。結果阿璋立刻說：「喔～加密貨幣問我就好啦！你想要了解哪方面的加密貨幣？」接著他拿出手機，打開各種加密貨幣 App，開始滔滔不絕地分享他的經驗。講著講著，他看我好像愣住了，於是問：「怎麼啦？很驚訝我知道那麼多嗎？」我有感而發地說：「我覺得你真的很像**『維基百科真人版』**耶！問你什麼你都知道，都能答得出來，

也太厲害了吧！」「工具王」這個稱號真的不是叫假的！

　　當我一聽到阿璋說要出書了就很好奇，他到底會寫什麼內容呢？因為他懂的東西實在是太多了，涉獵的範圍很廣，發展得又很多元。他也很霸氣地說：「什麼都寫！」

　　簡單來說，這本書就是阿璋的「網路創業歷程」，書中詳盡分享他如何在三年內，**從一個準備要當爆肝工程師的碩士生轉換跑道，成為眾多廠商搶著要合作的自由工作者。**他甚至連如何從臺灣遠端成立美國公司的細節都公開了，令我非常驚訝！

　　書中令我印象最深刻的一段話是：

　　「以前要讀好書、當個乖小孩，為自己創造好的履歷；但現在要做的是運用知識、發揮創意，把自己銷售出去，自媒體的成績就是最好的履歷。」

　　我非常認同這句話，也引起了我很大的共鳴。老實說我只有高中學歷，也沒有到一般公司實際工作的經驗，所以在「傳統履歷」上，我是一張白紙。然而由於我在網路上分享的內容，我的自媒體成績成為我最好的履歷，也因為這樣的履歷，我進而獲得許多商業合作的機會。

　　現在許多大公司也表明了，他們不看你的履歷，而是你解決問題的能力，以及你能提供的價值與影響力。所以我想強調的是，**與其花時間美化你的傳統履歷，不如花時間經**

營自媒體。因為傳統履歷只能證明你的過去「經歷」，但自媒體的成績可以證明你實際在市場上所能提供的「價值」與「影響力」。

我也常分享，**收入永遠會和價值與影響力成正比！**價值的部分很好理解，你能提供給市場的價值愈高，收入自然就愈高；可是關於影響力，許多人就比較難理解。假設你是一位瑜伽老師，開設實體課程有場地限制，一次最多只能教二十位學生，每人收 3,000 元，你的營收就是 6 萬元。

如果你建立線上課程，就沒有場地與時間限制，也沒有學員人數限制。你教的內容一樣，所以你能提供的價值也一樣。但透過線上課程，你能一次觸及到更多人，將同樣的價值提供給更多人，這就代表你的影響力提升了，你的收入也隨之提升。而此時如果你又去進修，增進自己的瑜伽技能，這樣一來你能提供給學員的價值又變更多了，自然能提高課程售價，你的收入也因而提升。

同樣的道理，以業配來說，一個一萬粉絲的帳號與一個十萬粉絲的帳號，兩者能接到的業配和價碼完全不同。粉絲愈多，價值和影響力會愈大，收入自然愈高。

我比阿璋早開始經營自媒體，但現在我的粉絲數連他的車尾燈都看不到……所以說真的，不管你是想在網路上創業的新手，或是像我這樣有一些經驗的人，又或者你已經擁有成功的傳統事業，我都非常推薦你翻開這本工具王阿璋的「實用工具書」，提升自己在網路上的競爭力。

好了，先不跟你多說了，我也要來繼續跟阿璋學習他多元發展的技能了……

Jerry Huang｜《百萬課程學院》創辦人

推薦序

在我經營自媒體的八年來，2018 年第一次認識阿璋。他原本是我的學員，後來接觸的次數變多，我們漸漸成為好友。現在只要在事業上有什麼重要決策，我都會與他討論。

阿璋的成長幅度並不是「正常」的。老實說，我很難向讀者保證，如果你看完這本書會達到像他一樣的成果，然而他有一個特質，值得所有人學習——**想做的事就不斷地做，想了解的事就花時間去了解。**

多年來，我不斷默默觀察阿璋的成長。他對不理解的事物會主動詢問或爬文解決，有時你還來不及回覆他，他就已經自己找到解決方法了。他接觸美股被動式投資的初期，就全心全意投入這個領域，不到一年的時間即獲利。他接觸聯盟行銷的初期，透過自己的工程師背景建立了豐富的部落格內容，並透過部落格獲得可觀的流量，讓他在聯盟行銷領域表現得非常好。

還記得有一次，我為學員們舉辦一場活動，他輕輕鬆鬆就贏得一趟臺北來回商務艙機票加三晚五星級飯店住宿。就在我恭喜他的時候，他淡淡地回說：「沒有啊，我根本沒做

什麼。」對他來說，真的就是一件輕而易舉的事。後來我有重新製作網站的需求，他非常高興地答應要幫我處理。網站完成的結果，我們團隊超級滿意。直到現在，即使他有上百萬人的關注，還是每天協助我們團隊處理網頁雜事。

當虛擬貨幣時代來到亞洲，還極少人了解區塊鏈的時候，阿璋就已經開始布局學習。現在我有任何關於虛擬貨幣的疑問，都會跑去問他，因為他已經走在我的很前面了。

講了這麼多，就是希望讀者理解：阿璋是一個不斷拓展收入線的人。普通人可能只有一項收入線，一般創業家或許有四個收入線。**而阿璋即使有二十個，甚至五十個、一百個收入線，他都不滿意，不是因為他貪錢，而是源自他對知識的強烈渴望。**他渴望了解所有新領域的運作模式，而當他理解透澈後，賺到錢也是理所當然的。

不過，他也不是什麼都會做，「偏門」的東西他永遠不碰。偶爾我會問他：「你有在做 ×× 嗎？」其實不用問我也知道他的回覆一定是：「永遠不會。」他做的每一件事、開發的每一項新收入線，都是正當的。而且，**如果這件事可以幫助其他人同時做到，也不會讓任何人有損失，他才會去做。**

如果你在書店裡拿起這本書，正考慮要不要入手的話，去付錢吧！認識阿璋，絕對不會後悔！

Yale Chen │ 自由學院創辦人

推薦序

這是一本價值超過一百倍的大作！

看著阿璋的 Instagram（@ johntooltw）從幾千人訂閱一路突破十五萬粉絲追蹤，如今更出書成為作家，真的很為他感到開心。

我跟阿璋的相識來自於我的一位客戶的引薦。**「哇！這個人好厲害，希望我可以多多幫他！」**這就是我對阿璋的第一印象。

身為新創圓夢網創業顧問，公司至今成立五年，目前共有五百多位客戶遍布國內外四大洲，並訂閱我的客製化服務。除了這項本業的主動收入以外，每年也會新增一項被動收入。透過阿璋老師的這本書，我認真整理了現在的我到底有多少種被動收入：

1. 美股
2. 臺股（平均每年 10% 以上的投報率）
3. 比特幣（2009 年環遊世界持有到現在）
4. 房租

5. 海外紙本書版稅

6. 電子書版稅

7. 網站廣告

8. YouTube 訂閱

9. 海外客戶美元贊助

10. 線上課程（簽約中）

　　有些讀者可能因為看了我的第一本書《自媒體百萬獲利法則》才認識我，誤會我是經營了自媒體才賺進人生第一桶金。但事實上，我早在十年前環遊世界的時候，已經處於**「不用上班，打開網路就有錢，即使沒有超級 rich 也能生活」**的狀態，大概算是早期低物慾的亨利族（HENRY）吧。

　　自媒體對我來說只是療癒自己曾經童年不快樂的工具之一，所以走完全「佛系＋隨興」路線的我，從未想過像阿璋這樣經營得如此有邏輯，這也是我應該透過這本書反省與思考，並多多向年輕人學習的地方。

　　2015 年，藉由 Facebook 藍勾勾直播時，我沒有想過可以因此讓自己獲利超過 1,000 萬元。透過閱讀與實作超過一萬本書後，我找到了一輩子會持續做的事，經營自媒體就是其中一項。謝謝阿璋老師，他也是我公司的客戶，卻時常無私向我的幾百位客戶分享其專業知識。

　　我曾經與 YS 青年職涯發展中心合作舉辦讀書會超過四年，非常推薦還不到三十歲的弟弟妹妹們一定要好好閱讀這

本書。如果你正在公司體制內，請邊閱讀這本書，邊思考以下三個問題：

1. 離開公司後，你有在市場上獲利的能力嗎？
2. 如果要不離職創業，你想從哪個領域開始？
3. 多少錢對你來說「夠了」？對你而言，最低限度的財務自由金額是多少？

　　天天記帳超過十年的梅塔姐姐也想跟你分享：如果你在三十五歲前能避開被當韭菜的「投資」，找到適合自己價值觀的理財方式，那你就已經贏在起跑線了。

　　這本書不僅可以幫你省下很多「學費」，更有許多值得參考的觀點，同時也是我很認同且深感共鳴的部分，以下先幫大家整理出三大重點：

重點1：擁有自媒體，能讓你更有本錢去交換資源。
重點2：跳脫競爭思維，透過網路賺全世界的錢（比如開美國公司）。
重點3：反脆弱思維──**即使未來有著光環與頭銜，更要思考假設「過氣」之後，你要過怎樣的生活？**

　　在這個時代，永遠要向比自己年輕的網路原生代學習。感謝以書會友、網路結緣的一期一會！**多元獲利能讓你有多**

「緣」選擇，就從這本書一起開始吧！

梅塔／Metta｜《自媒體百萬獲利法則》作者

Introduction

自序

自序

「我是誰？」

「我活在這世界上的目的是什麼？」

「我正在做的是我真正愛的事嗎？」

我時常這麼問自己，但還找不到一個好答案。

我出生在一般家庭，不是特別富裕，但也不用為錢煩惱太多。一直以來我從原生家庭學到的觀念就是：把書讀好、拿到好學歷，出社會才有競爭力。剛好讀書對我而言不是什麼難事，但我仍然不時在心中納悶：「讀這些書到底有什麼用呢？」

傳統教育帶來許多刻板印象，通常成績好的孩子被稱作「好學生」，而成績差的則被說是「壞學生」。我不曉得為什麼要這樣定義一個人，假設真的用成績來決定一個人的好壞，那我應該屬於無法被定義好壞的學生。我從小非常叛逆、喜歡打架，但成績又維持得很好。跟成績好的同學做朋友時常讓我感到不自在，因為有時會勾心鬥角；然而跟成績不好的學生相處反而令我覺得舒服自在，因為他們通常比較

沒有心機，彼此可以直來直往、坦然相對。

　　雖說讀書考試對我來說不是難事，但我也不是那種成績頂尖的學生，從臺南二中到清大電資學士，再到清大資工碩士，我一直抱持著「老二哲學」的心態在過生活，考試總是班上第二名、升學總是第二志願，但正因如此，我才有一個得以持續前進的目標，而不是位居高位，擔心隨時會被他人迎頭趕上。

　　由於大學學測成績中理工科的表現較好，加上我的興趣是打程式，本來想選擇資工系，家人卻要我讀電機系。一方面是當時資工系還沒有這麼盛行，而且薪水普遍不會超過電機系；另一方面，家人似乎已經幫我規畫好一條「看似」安穩舒適的人生道路：畢業後到〇積電坐領百萬年薪，然後買車買房、結婚生子……

　　「難道我的人生就要這樣過嗎？」

　　我一直在心中反問自己，但最後我仍然與家人妥協，選擇清大電機資訊學士班，包括後續念同校的資訊工程學系碩士班也是，似乎只是為了符合原生家庭的期待。

放棄年薪百萬的工程師，轉為開啟自己的網路事業

　　國高中的我就十分憧憬網路獲利，大學時期開始研究各式各樣網路賺錢的方法，比如賣遊戲虛寶、賣遊戲帳號、填

問卷、挖礦等等。我覺得網路與電腦是很棒的工具，不透過它們來做點什麼有點可惜，但如果去打工又太耗費時間和體力，應該要發揮我寫程式的專長與對網路生態的敏銳度來提高賺錢的效率。

這段摸索網路賺錢的過程中，我接觸了資金盤[1]、傳直銷，雖然賺到一些錢，最終卻因為自己的社會經驗太少而無法長久經營，但也多虧這些歷練，我在學生時期特別早熟。當同學們還在讀書，我已經在外面談案件；當同學們正在打程式，我已經在教別人如何用軟體賺錢。

直到研究所時期在新竹的新創科技公司實習，我對職涯和人生開始有了新的想法。實習生的我負責開發軟體，工作內容與一般工程師無異。每天上班打卡後開始打程式，午休後繼續打程式到下班，偶爾進度落後需要加班，每天的生活都是打程式，也就是俗稱的「碼農」。至於正職工程師，則是被迫每天晚上六點準時打完卡後回到座位上繼續加班，但沒有加班費。某天，我終於忍不住問了其中一個同事：

「你這樣不會不滿嗎？可以向勞工局檢舉看看？」
「我的學歷沒有特別好，才工作不滿一年，這又是我的第一份工作，如果現在就因為這樣離職，也很難找到下一份工作。」

對方這麼回覆我。此時我才發現，若依照目前臺灣的職

---

[1] 資金盤：由金錢堆疊而成的龐氏騙局。

場潛規則——第一份工作看學歷、第二份工作看經歷,那麼社會新鮮人即使不適合第一份工作,甚至遇到不合理的職場環境,似乎只能摸摸鼻子忍受這一切,不然就是得冒著可能會被指指點點的風險去找下一份工作。我也開始思考,倘若我繼續當個「乖孩子」,按照家人的建議,畢業後去〇積電工作,即使並不喜歡裡面的生活,似乎也沒什麼選擇餘地;就算適應了每天爆肝領薪水的工程師生活,也不知道要工作到幾歲才能退休。

這個實習經驗帶給我的衝擊太大了——**若想在未來的人生道路上有更多的選擇,就不能安於現況!**於是我決定寫部落格、經營網路事業,這就是我接觸自媒體和投資理財的動機。我希望在世俗的人生軌道之外,找到自己真正想做的事情、真正熱愛的事物。

回到一開始的問題,目前的我依然無法明確回答自己是誰、為什麼而活,我也知道尋找解答是一個永無止境的旅程。然而至少我確定,透過自媒體幫助別人解決問題是我真心熱愛的事情;至少我跳脫常軌,從當個年薪百萬的工程師轉為活出自己的一條路。

你也為家人期望、世俗眼光、社會框架而舉棋不定嗎?希望這本書能陪伴你一步一步摸索出自己的人生定位。

呂明璋(工具王阿璋)

Preface

前言

前言

自媒體＋投資理財＝多元獲利模式

「自媒體＋投資理財＝多元獲利模式」是本書的主旨，也是我自己提出的概念。今年是我網路創業的第三年，二十五歲的我，已經為自己創造出九種主動收入與十二種被動收入：

主動收入	被動收入
1. 業配	1. 銀行定存利息
2. 文章撰寫	2. 美股股息
3. 社團管理	3. 廣告
4. 網頁設計	4. 版位出租
5. 主機搬家	5. 網站維護
6. 諮詢服務	6. 贊助
7. 接案轉介	7. 聯盟行銷
8. 演講	8. 線上課程
9. 顧問	9. 美元放貸
	10. 虛擬貨幣投資
	11. 房地產投資
	12. 書籍版稅

主被動收入

我想用「工程師思維」的一句話來總結自己的策略：

用自媒體開源＋用投資理財擴大資產＝創造個人的多元獲利模式。

好啦，主編說這樣還是太過精簡，那我再多解釋一下。

相信你周遭的人當中有不少人經營自媒體，也有不少人接觸投資理財。我身邊的人也是，不是「只」經營自媒體，就是「只」接觸投資理財。然而我發現，前者多半由於沒有投資理財的觀念，無法控管收支平衡，或沒有進一步投資，往往成為無法持續經營的主要原因之一。至於後者則多半由於本金不夠，只能投資中低風險但獲利少的項目，即使嘗試高風險的項目，也只有極少數的人能翻倍資產達到財務自由，很現實也很真實。

市面上以自媒體為題材的書籍很多，也有不少針對單一平台而寫的經營專書，而投資理財相關書籍更是多不勝數，但卻沒有一本自媒體經營結合投資理財思維的書，我覺得很可惜。**自媒體是最適合年輕人開源的管道，而投資理財是進一步擴大收入的方法，兩者結合可以創造「飛輪效應」般的效果，達到真正的財務自由。**

動能 **1**　用自媒體開源

自媒體是所有創業項目中最低成本的起步方式，有流量

就能變現。自媒體的特性也不同於下班後兼差開 Uber，不是用固定時間換取固定工資，換句話說，**你所投入的時間可以重複利用、你所產出的內容可以持續被看見，成為時間槓桿的關鍵。**

自媒體的商機非常大，目前還沒有任何飽和跡象，會說飽和的大多是經營方式錯誤。從平台運用、內容呈現，到獲利模式，光是這些組合就能創造無窮的收入與價值。

動能 **2** 用自媒體收入投資

當自媒體開始獲利，就可以將這筆本金做進一步的規畫，例如投資 ETF、債券等較有穩定報酬率的項目，增加被動收入的來源，讓資產比例更穩健。

動能 **3** 用投資收入做大自媒體

當投資開始獲利，就能運用投資收入以發外包或請正職等方式擴大事業規模。順道一提的是，外包人員的薪水其實可以用業配收入去支付，也就是業配收入＝外包稿費，如此一來便不會傷害原本的成本。

動能 **4** 持續擴大資產

本金擴大後才有更多的操作空間，得以投資門檻更高的項目，或嘗試多元化投資來分散風險，例如選擇報酬率較高的加密貨幣，或年化報酬率更穩定的房地產。

動能 **2**
用自媒體收入投資
▶ 詳見第2章

動能 **1**
用自媒體開源
▶ 詳見第1章～第2章

核心
7%法則

動能 **3**
用投資收入
做大自媒體
▶ 詳見第3章～第4章

動能 **4**
持續擴大資產
▶ 詳見第3章～第4章

Preface

　　上圖是我的**「多元獲利雙飛輪」**──以「7％法則」[2]為核心，啟動自媒體與投資理財雙飛輪，創造出二十多種的主被動收入。我認真覺得，現在的年輕人絕對不能只追求鐵飯碗，**沒有任何工作可以保障一輩子，唯一的保障是獲利模式，獲利模式愈多，可承擔的風險愈高，反脆弱的能力也會愈強。**

　　這本書滿載我的網路創業歷程，從零開始起步到擴大事業規模，分為四個階段，共有五十則心法與相關實戰技巧：

2　**7％法則**：源自 FIRE 理財運動中「4％法則」的進階版。4％法則是指，將退休金投資在超過 4％投報率的項目，便能有源源不絕的退休金。而我自己則拉高到 7％，退休目標依然設在 4％，便能有 3％的緩衝空間，得以對抗各種風險。

打開網路就有錢：我靠自媒體與投資理財打造多元獲利模式

【起步】 第 1 章　獲利前該有的心態

【嘗試】 第 2 章　自媒體是最大戰場

【進階】 第 3 章　建立長期獲利思維

【擴大】 第 4 章　事業規模化

　　我會手把手與你分享這四個階段中可能遇到的難關、常見的迷思，以及應有的心態與該採取的策略。

　　或許你是個學生，找不到未來職涯的方向，但也不想被公司體制綁住；或許你是個上班族，正考慮要脫離目前的生活；或許你正在經營自媒體，但流量和收入遲遲沒有起色；或許你已經擁有不錯的流量和收入，想要進一步突破……無論你在哪個階段，**希望這本書能幫助你畫出屬於自己的獲利藍圖，不再被原本的工作和價值觀綁住**。這是我這些年來一直在做的事，也是我寫這本書的目的。

Content

目次

【嘗試】第 2 章　自媒體是最大的戰場

Startup

起步

第 1 章

獲利前
該有的心態

01　年輕人的本錢就是自媒體

　　我在網路上認識一位朋友，他是某知名科技媒體的作者，寫了非常多 Apple 電腦和手機相關的教學文章，時常可以在 Google 搜尋到；後來才知道他只是個高中生，卻已經在網路上發光發熱。經營 Instagram 時，我注意到一位創作者，他專門分享色調相關的教學圖文，而且版面做得超級精美，甚至自己開發濾鏡；後來才得知他只是個國中生，Instagram 追蹤數已經達到七萬以上。

　　我國中的時候只有一支傳統手機，每天的生活幾乎圍繞在讀書、打球、補習；而現在的國高中生不僅滑著社群媒體，甚至在 YouTube、Instagram、TikTok 等平台上擁有一票粉絲。作家梅塔（Metta）是一位我很崇拜的前輩，她有著大量的自媒體經驗與社會歷練，卻常說要多多向我學習，她認為年輕人對網路趨勢更有 sense，年輕人才是未來的主流。

　　科技變化速度飛快，當長輩剛學會使用智慧型手機，年輕人已經在玩 Facebook；當長輩剛學會使用 Facebook，年輕人又已經轉移到 Instagram。年輕世代對科技的掌握度與網路生態的敏銳度一定比長輩來得高，這樣的資訊落差正是年輕

人可以靠著自媒體崛起的本錢。

穩定工作 vs. 自媒體創業

COVID-19 爆發之前，我們或許還普遍認為在一間大公司上班就是一份穩定工作的保證，然而這場疫情導致多少人被裁員，瞬間沒了收入來源，此時若又背負著車貸房貸，對人生該有多麼絕望。

我曾在一場演講中聽到講者分享一段話：「你該不該經營副業？思考三個問題就知道答案了。」

1. 你除了現在的主要工作，還有其他收入嗎？
2. 你每個月能否至少存下薪水的 10%？
3. 你如果突然生重病，付得起醫療費嗎？

好好思考這三個問題，就知道是否該拓展多元收入管道。這個年頭，物價永遠漲得比薪資還快，如果僅是依照傳統觀念到公司行號上班，我想年輕人的生活應該過得滿痛苦的，更不用說買一間理想的房子。

增加收入管道的方式有兼職、投資、小型創業、傳統創業、網路創業。兼職必須花費時間和體力，一旦身體出狀況便馬上沒有收入，不是長久之策；投資、小型創業則要有一定的資金和經驗；傳統創業動輒數百萬，相信不是普通人能輕易拿出來，而且承擔的風險非常大。所以我認為最適合年

輕人投入的是網路創業，其中自媒體又是一種低風險高報酬的創業，你可以透過寫作、拍影片、錄音頻等方式分享自己的興趣或專業，進一步銷售自己給更多人知道，甚至獲得許多商業合作案。

我剛開始是透過寫部落格文章分享知識，當時的成本是購買網域每年 300 元、購買主機每月 360 元，平均一個月不到 500 元的開銷就為我創造超過 30 萬元的收入，投資報酬率是六百倍！

「阿璋，但是平常工作已經夠忙了，怎麼還有精力經營自媒體？」

在你抗拒之前，我想先跟你分享自媒體能創造的各種價值和效益：

- **被更多人所看見：**網路和社群平台的興起打破了資訊傳播的界線，每個人都具有媒體的功能，無須依靠傳統媒體就能被無數人所看見，而被更多人看見等於替自己創造更多機會。

- **跟上未來的趨勢：**以前要讀好書、當個乖小孩，為自己創造好的履歷；但現在要做的是運用知識、發揮創意，把自己銷售出去，**自媒體的成績就是最好的履歷。**

- **透過興趣來賺錢：** 在以前，興趣很難拿來賺錢，通常只能當作消遣；但現在很多人把自己的興趣放在網路上就意外爆紅並且獲利。

- **學習更多的知識：** 經營自媒體需要學會各領域的知識和技能，舉凡寫作、文案、拍攝、行銷等，這些都能帶來終身受益的競爭力。

- **解決他人的問題：** 幫助觀眾解決問題能得到支持和聲量，而且分享和助人其實是一件很開心的事情。

- **降低財務風險：** 自媒體可以創造多元收入，有廣告、業配、服務、商品等等，不會讓自己陷入只有單一收入來源的潛在危機。

- **提高個人影響力：** 累積了一定的網路聲量便能擁有話語權，有機會成為某個領域的 KOL，自由自在分享自己的理念。要具備這樣的影響力已經不再限於明星或政治人物，現在許多 KOL 的影響力甚至更大。

- **不同圈子的人脈：** 自媒體非常需要與不同的創作者合作，也時常要與廠商聯絡。有時這些人脈不是用錢來衡量的，而是會成為你在這條路上的貴人。

- **創造人生的槓桿：**自媒體的特性是「一對多」，一次性的投入就能讓無數的人觀看，發揮最大的效益，所以在這個行業月入十萬、百萬的大有人在，我也是靠自媒體讓年薪超過百萬，徹底改變原本的人生。

阿璋心法

> 自媒體可能改變你的一生，但若不行動，
> 你依然在過一樣的人生。

02 重新定義工作與生活

　　我在新創公司實習時體悟到經營自媒體的必要性，因此毅然決然捨棄年薪百萬的工程師職涯。你並不一定得像我一樣刻意改變自己，從生活圈中其實能找到開啟這條路的機會。以下我想分享兩個「誤打誤撞經營自媒體」的真實案例：

案例 **1**　在體制內找出另一條路

　　C 在一間公關公司實習，負責寫寫文案、拍拍照片。有一天，老闆要員工建立痞客邦的帳號，寫些開箱文來推廣廠商的商品。起初 C 寫得非常不順手，但就這樣持續寫了十多篇文章，讓他得到意外的收穫：

- **文筆的訓練**：為了顧及閱讀品質，C 逐漸優化用詞、語句，也訓練出拆解文章架構的邏輯性思考與流暢的寫作能力，使他的碩士論文寫得行雲流水，順利成為所上第一個畢業的學生。

- **觀察商品的角度**：C 身為推廣廠商商品的部落客，既要考

量消費者的需求，也要站在廠商的立場思考，因而培養出洞察力，以消費者、推廣者、廠商三種層面出發，找出最好的商業策略。

- **帶得走的作品：**實習除了取得證明之外，還帶得走什麼呢？C 的部落格文章就成了最好的實習證明，當他找尋新工作時能透過這些作品集從眾多競爭者中勝出。除了有助於職涯發展之外，他的商品開箱文受到許多網友的熱烈回饋，帶來滿滿的成就感，這是單靠實習所無法得到的心靈收穫。

- **意外的合作機會：**直到現在，這些文章持續累積愈來愈多的觀看量，也受到競爭廠商的關注，許多廠商紛紛來找 C 合作分享商品開箱文，C 因而有了額外的收入來源。

案例 2　分享自己的興趣，帶來意外的收入

　　J 非常喜歡吃肉桂捲，每週至少要吃三間不同店家的肉桂捲。秉持著「好康道相報」的心，他把這些肉桂捲照片上傳到 Instagram，並附上分數和評價。在他的持續分享下，整個 Instagram 都是滿滿罪惡感的可口肉桂捲，吸引不少粉絲的追蹤與互動。

　　隨著流量上升，愈來愈多肉桂捲店家主動聯繫 J，邀請他擔任團購主或合作業配。J 不僅因而有了團購的分潤與業

配的收入,粉絲也享有八折優惠。

「J推薦的〇〇肉桂捲超好吃!」

「真不愧是J,怎麼那麼懂推!」

J原本只是個愛美食、愛分享的素人,壓根沒想到這些食記居然讓他成為「KOC」(Key Opinion Consumer;關鍵意見消費者),而這些回饋帶給他的幸福感更遠超過自己一人享受,正所謂「獨樂樂不如眾樂樂」。有時我們嚐到某個美食,吃完後就忘記了。然而J將所有美食記錄下來,並用心分享評價,一方面方便自己回購,另一方面也造福其他愛好者,長久累積下來更創造自己的價值。

許多成功的創作者可能只是因為興趣或某個契機而開啟自媒體這條路,並沒有太多出自於利益的動機,往往能堅持得比其他人久。**反倒是瞬間爆紅的創作者,太快成功卻消磨熱忱,一段時間就銷聲匿跡。**你當然可以先規畫獲利模式再投入創作,但仍然要時時刻刻提醒自己:熱愛才能堅持下去。

阿璋心法

> 經營自媒體能帶來意想不到的成果,
>
> 但你必須開始行動!

03 計算未來，跨出舒適圈

2018 年年底，我邊讀書邊在新創公司實習，為自己訂下 2019 年的目標──經營部落格。同時，我也接觸了投資理財的知識，其中一個問題令我印象最深：

「人的一輩子，到底要花多少錢？」

人一生的花費大概分為「生活」「住宿」「交通」「教育」「娛樂」「醫療」「保險」「家庭」這八大類型。住宿是我願意花最多錢的項目。我希望未來住在一間自己設計的超豪華房子，這項花費最少需要 5,000 萬，加上其他類型的花費，我計算出我一生的花費至少要 8,000 萬才夠用。

算出這些數字後我發現，當個年薪百萬的工程師無法換得我想要的生活。況且工程師的工時非常長，每天都得加班，每日工時動輒超過十二小時，很可能工作個五年身體就出了狀況，賠上健康。也因為有這個體悟，我更努力經營部落格和其他平台，希望完全脫離工程師的生活。只有創造多元收入，才能達到我的人生目標。

　　現在，請你放下這本書，拿起紙筆或計算機，給自己十分鐘的時間，依照剛剛的花費類型，計算你嚮往生活的所需花費。如果依照現在的收入，要花多久才能達成？如果無法達成，又該如何達成？絕大多數人算出自己的未來後會發現，這輩子的所需花費是目前的自己所無法負擔的，**太多事情想做，卻沒有足夠的經濟基礎去做，是現在許多年輕人的困境。**而自媒體是這個時代增加收入的好管道，你願意跨出舒適圈來嘗試看看嗎？

　　即使你的成就再好，都可能長期待在舒適圈，並不是說舒適圈不好，而是一直待在舒適圈不太可能有改變的機會，更別提要擁有自己的事業、要創造多少額外收入、要讓人生過得更精采。人在安逸時無法成長，每天下班回家就是休息、看電視，假日就是出去玩、逛街。我在碩士一年級開始兼職寫部落格，那段時期非常痛苦，白天不是去上課就是去實習，晚上回家後邊吃飯邊投入，努力蒐集素材、測試軟體、學習網路行銷、撰寫文章、提高流量，從七點搞到半夜三點，假日也不例外。後來想想，這正是我跨出舒適圈、努力贏過別人的關鍵。

　　如果你喜歡在鏡頭前說話，就很適合拍影片；喜歡用文字抒發想法，就很適合寫部落格；喜歡語音訪談一定要試試Podcast。用最直覺的方式產出內容，再分享到社群平台。

　　「文字排版也太難看了吧！」

　　「有請剪輯師嗎？這拍攝風格我不行。」

「建議練一下講話的口條。」

你可能要有心理準備會得到一些批評，所以重點是**「不完美主義」**。去看看那些百萬 YouTuber 最早期的影片，就會發現每個人都是這樣子走過來的，只有堅持到最後的人才會成功。即使你自認為一開始就做到最完美的狀態，過一陣子回頭來看一定會覺得當初的東西不夠好，換句話說，只有持續地創作才有更好的內容。**創作是與自己競賽，每一次都比前一次進步 1% 就很夠了。**

阿璋心法

> 跨出舒適圈，開始不完美的創作，
>
> 每次追求 1% 的進步。

04 度過沒有收入的黑暗期

「阿璋，我該兼職經營自媒體？還是全職經營呢？」

很多人會問我這個問題。老實講，絕大多數的人都不適合在起步時就全職經營，主要是考量以下幾種風險：

- 不知道什麼時候會開始獲利。
- 獲利沒有辦法負擔生活開銷。
- 生活壓力太大無法好好創作。
- 無法妥善分配不穩定的收入。
- 缺乏投資理財的知識來創業。

全職經營不像兼職一樣只是做興趣，而是要構思商業模式、規畫收支比例、培養合作夥伴等，類似一人公司的運作形式。有些人或許看到「離職半年，我創造月入 10 萬收入！」的廣告文案就一時衝動，貿然離職，但卻沒有考慮到一個重點：每個人的努力與成果是無法複製的。尤其是前幾個月通常沒有任何收入，花費大量時間卻無法馬上賺到錢。

「阿璋，我嘗試了三個月但完全沒有收入，我已經快放棄了！」

要度過這個黑暗期，一定要有一個穩定的收入來源，再利用下班的零碎時間產出內容（但如果你的穩定收入是四處打工，其實很難持續）。在這段期間，**比收入更重要的是內容的精度和量，因為自媒體的收入取決於價值與影響力。** 所謂的價值包括內容的含金量、觀眾的信任度；影響力則是指粉絲數、觸及率等。前期的努力都是為了長遠的未來打下根基。

一旦撐過黑暗期，所獲得的回報將難以估計。我在初期也十分辛苦，要自己架網站、寫文章、做圖片、回覆廠商信件和訊息。第一年上半我賺不到 3,000 元，窮到連房租都付不出來，熬到下半年才賺進人生第一桶金。漸漸的，我開始解鎖各項成就：年底受邀擔任 WordCamp Taipei 2019 講師；第二年在美國成立自己的公司、部落格每日超過五千人觀看、Instagram 突破十萬追蹤、線上課程「WP 全方位架站攻略」學生達上百位；而第三年，也是你看到這本書的現在，又有更多不一樣的挑戰在等著我。

換句話說，經營自媒體的第一年或許沒有任何收入，但到了第二年會突然竄起，薪水是一般上班族的好幾倍！因此我建議：**第一年的目標是流量與粉絲，獲利目標則放在一年之後。** 當累積了質量兼具的內容，便會看到過往的成果慢慢發酵。要跳脫社會框架，開啟一條「非主流」的路，勢必

得經過許多取捨和犧牲，當你愈努力熬過，就能愈快看到成果。

新手全職經營的建議條件

- 妥善安排自己的時間。
- 每年的收入大於支出。
- 有長期獲利的商業模式。
- 存到至少六個月的緊急預備金。

阿璋心法

專注於提供價值，努力度過黑暗期。

startup

05 存好一筆緊急預備金

　　前面提到一個關鍵字「緊急預備金」，如果你接觸過投資理財或創業相關的分享一定聽過這個詞，沒聽過也沒關係，我來解釋給你聽。

　　緊急預備金，顧名思義就是預先準備一筆緊急時刻才能動用的資金，緊急時刻像是當你需要醫療費、碰上失業而突然急需一筆錢，這個金額通常抓在六到十二個月的生活費會比較妥當。我在碩士一年級時平均一個月的花費為 2 萬元，我為自己設定六個月的緊急預備金，也就是 12 萬元，並將這筆資金放在銀行活存，以便隨時可以動用，但非緊急時刻不得使用。

　　即使沒有要創業或投資，每個人都該有緊急預備金的觀念。請想像如果有一天你破產了，沒有地方住、三餐溫飽都出問題，身邊也沒有朋友可以借你錢，然而還有一筆幾十萬的存款放在一個連提款卡都找不到的銀行帳戶中，這筆錢就像是照亮你的曙光！

　　假設你的月收是 3 萬元、有 10 萬元的存款，看到近期股市行情好，便將這 10 萬全部拿去投資，結果剛投入就下跌

10％，這時你不幸被裁員而沒了收入，也沒有緊急預備金可以動用，為了生活，只能認賠將股票賣出。但如果你有一筆緊急預備金，就不至於讓投資立即虧損。

「我要怎麼存到緊急預備金呢？這不是一筆小數目，平常存錢都很難了，更何況要存一大筆錢……」

如果你還沒有存到緊急預備金，請實作看看我當時採用的方法。

首先安裝記帳 App CWMoney，設定手頭的現金、銀行的資產，記錄每個月的收入和支出，每天回到家也要確認皮夾的現金是否與記錄的餘額一致。藉由記帳你會清楚掌握一個月的生活費，將這個數字乘以六就是你要存到的緊急預備金。假設一個月生活費 2 萬元，目標就是 12 萬元。

接著透過三個銀行進行「多帳戶管理法」。第一個銀行是薪資收入的公司戶，第二個銀行是生活費，第三個銀行是緊急預備金。假設你的月收是 3 萬元，就在第一個銀行設定每月自動轉帳，轉 2 萬元到第二個銀行、轉 1 萬元到第三個銀行，每個月只能花這筆 2 萬元的生活費，這樣一年之後就存到六個月的緊急預備金了。

除此之外，還有一些更進階的存錢方法：

- 多帳戶管理法可以區分成更多個銀行，像是將生活費細分

為伙食費、交通費、娛樂費等，分類愈多難度也愈高，但能更有效管理每月預算。

- 如果到了月中發現不小心花完這個月的生活費，要想方設法降低支出，像是只吃便當、不喝飲料、減少娛樂，或是想辦法增加收入，像是接案、賣二手物等。

- 計算生活費時要將一些大筆開銷平均分配，像是房租、旅遊費，並增設一個每月存下這種開銷的帳戶。假設你的房租是半年繳，就要平分至每個月的生活費；如果有出國計畫也要提早存錢，同時保持每個月能存到一部分的緊急預備金。

- 將紅包、獎金、額外收入直接存到緊急預備金的帳戶，以防拿到一大筆錢就馬上花掉。

你還可以關閉緊急預備金帳戶的網銀功能、將提款卡交給親人保管、不開通刷卡功能等，善用各種方式讓你從緊急預備金帳戶拿錢的難度提升到最高。如果你仍然什麼都不做，後面的章節會更難執行；**如果你現在立刻開始記帳、規畫未來預算，我相信你會贏過身邊 90% 的人！**

緊急預備金的長期規畫

當你存到了緊急預備金,可以著手進行自己的財務規畫,像是離職創業、投資、買車、買房等,**此時的你已經有了一個強大的後盾,會更勇於嘗試,不必一直擔心失敗了該怎麼辦。**

假設你現在有 20 萬元的緊急預備金,可以將這筆錢存在高利率的網銀活存,或做更進一步的規畫,例如拆解成一筆 10 萬定存、一筆 5 萬定存、兩筆 2 萬定存、一筆 1 萬活存。當發生緊急狀況,先動用活存或小額定存,讓大額定存稍微增長,不至於完全沒有任何利率。

接下來定期觀察生活費有沒有提高。照理說,隨著年紀增長開銷也會增加,加上通貨膨脹的影響,生活費會愈來愈高。如果花費提高,就要將緊急預備金提高到對應的數目。如果要進行大型創業、大額投資,建議存到十二個月的緊急預備金來去平衡這些高風險行為。

阿璋心法

存好緊急預備金就全力衝刺!

06 培養留住錢的能力

　　經營初期收入非常不穩定，獲利來源大多是推廣商品。有時產品大熱賣，獲利超過 10 萬元；有時沒有合作案，收入不到 2,000 元。為了避免陷入「賺多花多，賺少花少」的窘境，**花錢的能力與賺錢的能力同等重要**。很多人很會賺錢，卻不會控制花費，不管賺多賺少都成為月光族。如果連自己的收支都無法維持平衡，未來開公司、經營團隊更無法處理財務報表。

　　知名投資理財部落客 Mr.Market 市場先生提出「花錢許可證」理論，定出一套「不用思考」的花錢規則：

　　「某一定金額以下的花費，從此不再思考，買就對了。」

　　假設你替自己訂定 100 元的花費門檻，任何 100 元以下的商品都可以直接購買，但超過 100 元的商品就要再三思考是否真的需要。這個理論的依據是消費心理學，當節省許多小筆花費，也會壓抑內心強大的購買慾望，忍不住就衝動買下動輒十幾萬元的奢侈精品。這種情況容易發生在每月收入

不固定的自媒體創作者身上，一旦某個月收入特別多就可能統統花掉，所以要靠平時消費完全負擔得來的東西來滿足慾望，降低大筆花費的可能性。

我還會透過以下幾種方式避免衝動消費：

· **購買清單**：列出所有想買的商品，根據必要程度排序，每月固定購買最重要的前三項。

· **延遲購買**：任何想買的商品都不要立即下單，先放到購買清單再慢慢評估。

· **關閉網購 App 通知**：把手機上所有網購 App 通知全部關閉，避免無聊滑手機時被推播促銷通知而不小心衝動購物。

· **減少錢包現金**：如非必要，盡量讓錢包裡的現金少於 5,000 元，太多鈔票會讓購物慾大幅上升。

· **降低信用卡額度**：信用卡的功用是花在必要消費，或是賺取回饋，但如果你經常需要分期付款，請降低到能負擔的額度，或改為存多少刷多少的簽帳卡。

美國臨床心理學家朱利安·福特（Julian Ford）進一步分

享抑制衝動購物的三個步驟：

步驟 1：結帳前深呼吸，保持冷靜。

步驟 2：確認自己是「想要」還是「需要」，多看幾次購物車的商品，確認購買的必要性。

步驟 3：如果透過前面兩個步驟仍然無法確定是否有購買必要，請替以下兩個問題依一到十來評分：一是購買商品的花費對自己的生活壓力、二是商品的需求性。如果後者分數大於前者就可以購買。

用省下來的錢自我投資

當然，存錢的同時也要持續投資自己，什麼錢都可以省，就是投資自己的錢不能省。規畫一部分的收入買書、上課、聽演講，學習文案、銷售、剪輯、架站等技能，都有助於提高賺錢的速度。**一邊培養省錢的習慣，一邊增加開源的能力，就是成功的創作之路。**

我想用一個觀點來自我勉勵，同時也激勵大家。《愛麗絲夢遊仙境》中，派兵捉拿愛麗絲的紅皇后對她說：「在我的領地中，妳要一直拚命跑，才能保持在同一個位置；如果妳想前進，必須跑得比現在快兩倍才行。」這句話被哈佛大學學者斯圖亞特・考夫曼（Stuart Kauffman）拿來描述商業世

界的動態競爭，提出「紅皇后效應」（Red Queen Effect）：

　　「你和大家同樣努力，也只不過是不被淘汰；想要贏過別人，唯有比別人跑得更快。」

阿璋心法

全職創作者的必備能力是，
留下你所賺的錢。

07

賺錢之前要先助人

你有沒有因為幫助別人而讓自己成就感爆棚的經驗？三天三夜不眠不休只為了幫朋友解決一個小問題，看到對方露出豁然開朗的表情，就覺得一切都值得了。幫助身邊的朋友、回覆讀者的疑問、在社群替網友解惑，通常沒有任何收入，但往往會得到很多感人的回饋。

有位網友曾告訴我，他在某些社團拋出問題，不但沒有人回答，甚至有人覺得他的問題很蠢而攻擊他，只有我耐心解決他的新手問題。他現在不只成為我的鐵粉，也是一位優質的創作者。此後，我更堅定將所有內容都定位在從零開始的手把手教學。因為每個人都是從新手開始，更沒有人一開始什麼都會。

解決他人的問題也會幫助自己產出更多的內容。當我收到詢問如何經營 Instagram 的私訊，我會分享經驗

> 哈囉阿璋，之前我在臉書社團詢問架網站的問題，結果竟然被一堆人罵說這種問題也要問，不會自己上網查哦？
>
> 我覺得自己很笨，但真的沒有辦法找到答案
>
> 只有你認真解決我的新手問題，教我最簡單的基礎，真的是一個很棒的老師！

分享的美好──解決網友的問題

或數據，並同步公開這些 QA，讓也有同樣困擾的人能一目
瞭然。**自媒體的特性是傳播力很強，只要花一次心力，就能
解決無數人的問題。**

分享的美好──Instagram 限時動態

　　相信許多人遇到問題的第一時間會上網求助 Google 大
神。Google 的演算法愈來愈趨近於人性，愈能立即解決搜
尋者問題的文章，排名愈高，這就是所謂的 SEO 優化。只
要 SEO 優化做得好，並排上 Google 前三名，就容易被搜尋
者看見。長期分享解決問題的有價值內容會培養受眾的信
任，後續若與廠商合作，推薦商品或服務時，也容易得到他
們的支持。換句話說，**以解決他人問題為題材的內容，不僅**

Google 演算法買單，觀眾也容易買單。

慢慢的，我從「阿璋」變成粉絲口中的「大神」或「阿璋老師」。累積許多粉絲後，我推出自己的線上課程「WP 全方位架站攻略」，短短一週就達四百位學生，其中不乏經常私訊問題的網友。

你可以仔細回想，過去幫助朋友解決問題，後續是不是會得到一些意想不到的回報呢？不管是心靈上的回報還是物質上的回報，我非常相信「利他，同時也能利己」。時常想著如何幫助別人、如何提供價值，累積流量與受眾的信任才是首要之道。**有價值就有流量，有流量就有金錢！**

阿璋心法

用助人來提升他人的信任感，
無形中會幫助自己的事業成長。

08 暗黑網賺模式

　　我從國中時期就非常渴望網路獲利，那時流行楓之谷、跑跑卡丁車等線上遊戲，很多人會花大錢買點數、裝備，或拿新臺幣換遊戲幣，好讓自己的遊戲角色金閃閃，這是所謂的「臺幣戰士」「課金玩家」。我也想提升自己的角色裝備，於是踏上「網賺」之路。所謂的網賺，顧名思義是透過網路來賺錢，依照難易度分成以下幾種類型：

1. 低難度：點廣告、填問卷、破遊戲任務。

2. 中難度：經營自媒體、電子報、直播。

3. 高難度：投放廣告、買賣網站、推出線上課程。

　　當時接觸的網賺大多是低難度型，一小時賺 20 元～50 元。其中，填問卷最廣為人知，填好個人資料和興趣偏好，現金會回饋到遊戲帳號的錢包，達到一定金額就能提領出來。這類網賺讓我立即嚐到甜頭，覺得錢真好賺，好像手機滑一滑就有了，後來才發現把時間拿去打工還賺比較多，而且很容易讓手機、電腦中毒，甚至遇上詐騙。雖然能賺點零

用錢，但卻浪費許多時間、電費，甚至得出賣個資。

到了大學一年級，我在 Facebook 社團看到某個網賺項目，文案寫著「投資 500 元，每個月躺著就能有 20% 利息，月入 10 萬超簡單！」還搭配許多轉帳紀錄，讓當時的我超級憧憬，心想：「如果我也有這樣的收入該有多好。」現在的你或許會覺得：「怎麼這麼傻啊？這就是詐騙啊！」但那時才剛流行網路資金盤，並沒有太多的負面案例可以參考。

而我最初玩的項目是「種樹遊戲」，規則如下：

1. 花 500 元買一顆種子，種子會慢慢長大變成樹。
2. 樹長愈大就能獲得愈多利息，例如：前十天每天可以領 10 元；十到五十天後每天可以領 30 元。
3. 帶一個朋友進來成為自己的下線就直接賺 250 元，帶愈多賺愈多。

為了達到文案上宣稱的「月入 10 萬超簡單」，我拚了命找朋友來加入，一個月過後賺了 3,000 多，然而領完這筆錢後遊戲網站就關閉了。沒錯，這是一場「龐氏騙局」（Ponzi Scheme）[3]，這個資金盤的泡沫爆了。我賺了錢，但朋友賠了錢，我也失去了好友的信任。

過了一陣子，我偶然遇到 H，他介紹一個新型網賺項目。當時的我以為自己早已身經百戰、不會再受騙，然而他卻冷不防地丟出 Mercedes-Benz CLA200 的鑰匙，問我：

---

[3] 龐氏騙局（Ponzi Scheme）：非法金融詐騙手法，資金盤、老鼠會都是龐氏騙局的一種。不斷吸收「後來」加入者的資金，回繳給「前面」的加入者，達成持續創造收益的假象。當加入者愈來愈多，資金逐漸入不敷出，直到騙局泡沫爆破，後期的加入者便蒙受金錢損失。

「你現在走掉的話，兩年後的你有辦法買到這輛賓士嗎？如果我讓你在半年內就買得到，你要跟嗎？」

那個包著「發大財」糖衣的謊言，讓我再次鼓起想在網路上賺大錢的勇氣，如果能在十八歲那年靠自己買到一輛賓士，絕對是最強大的自我證明。涉世未深的我在當下失去理性思考的能力，立刻掏錢加入 H 的團隊。

這次不是我之前接觸的網賺小遊戲，而是有正當產品的多層次傳銷，並有著列名單、談話術、ABC 法則等教育訓練，我心想應該能長遠經營下去，不只是單純的資金盤。然而半年過後，整個團隊突然解散，找不到 H 本人，其他人也紛紛推卸責任。我的朋友已經投資了一筆錢，卻沒賺到錢，也求償無門，只能跑來怪我為什麼找他加入，後來我們也漸漸形同陌路。

這個經驗不僅讓我深感挫敗，更傷了我的人脈。現在回頭想想，如果沒有這些黑歷史，我無法看透詐騙項目，更不會進一步幫助網友破解詐騙。這些經驗讓我領悟到暗黑網賺模式帶來的後果：

- **違背良心**：即使賺了大錢，內心也不好受。
- **賺少賠多**：網路上賺錢機會很多，無須去碰資金盤或非法項目。
- **法律責任**：當下線因為你而賠錢，一旦他提告，你也會成

為共犯。

- **賠上人脈：**你的朋友若賠了錢，通常不會再相信你。建立信任的時間非常久，但摧毀信任卻只要一瞬間。

阿璋心法

有些錢很好賺，但是不該去賺。

09 從 18 元的收入領悟正確的獲利心態

　　由於有過上述經歷，某段時期我很不信任網路賺錢，覺得都是蠅頭小利、詐騙，不值得浪費人生，直到透過部落格拿到第一筆收入，我才發現網路獲利的其他面向。

　　最初我寫部落格的動機很單純，一方面是想跳脫傳統的工程師職涯，一方面也是學了太多東西卻沒有機會好好消化，於是記錄自己的學習過程，也分享給其他人。

　　「阿璋，請問你有推薦的程式語言書籍嗎？」

　　「有哇！來，我找給你。」

　　初期我寫了許多程式語言的新手教學文，每當被問到「有沒有推薦的書籍」，我會特地上博客來網路書店搜尋。我發現博客來有個「AP 策略聯盟」，會提供「推廣連結」給推廣者，只要消費者透過這個連結購買書籍，推廣者便能得到一筆分潤金，這就是所謂的聯盟行銷。

　　博客來的分潤是一本書售價的 4%，當時我推薦給觀眾的那本書售價是 450 元，因此我獲得 18 元的佣金，這是我

第一次透過部落格賺到的收入。這筆 18 元的收入打破了過去我對網賺的壞印象，**這是提供價值給他人所換來的回報，不是浪費一堆時間或個資換來的錢**，也代表著我可以透過這個方式持續賺錢，讓我對部落格的信心大增，於是投入更多心力。

你可能會覺得 18 元太少，這是因為書商的獲利本來就不高，分潤價格低是正常的，市面上有許多高分潤或高單價的產品。有些 YouTuber 專門鎖定高單價商品，透過精緻的拍攝手法與自身的使用經驗，提高受眾的信任與買單意願，成為導購成效一流的超強帶貨王。

「收入要從哪來？」

「要怎麼找廠商合作？」

「如何長久經營？」

這些都是要好好思考的問題。即使起初靠著一股熱忱來經營，但不可能維持單純的輸出而毫無收入。經營花的都是心力，如果沒有對應的回報，又怎麼有辦法長久經營呢？

第二章會詳細介紹各種自媒體的獲利模式，聯盟行銷是我認為最容易創造第一筆收入的方式，而且所有平台都適用。我的 YouTube 專門提供 WordPress 架站教學、軟體工具介紹，大約達兩百人訂閱時，我在影片下方的資訊欄放入電腦主機商的聯盟行銷推廣連結，讓我在還沒有什麼流量的時

候就創造了 YouTube 的第一筆收入。

　　臺灣有聯盟網和通路王這兩個聯盟行銷平台，裡面聚集非常多的廠商，只要尋找適合的廠商來推廣商品，很有機會創造第一筆收入。國外則有更多的聯盟行銷平台，如 Amazon.com、CJ Affiliate Home、ShareASale，不少國外廠商的官方網站也會直接提供聯盟行銷（Affiliate Program）的申請入口，都是創造收入的好管道。

　　自媒體的第一筆收入非常重要，是未來持續經營的基石。當你提供的內容能幫助觀眾解決問題，又能為自己帶來收入，是一種無法形容的喜悅，也會成為強大的動力來源，這才是正確的網賺心態。

聯盟行銷完整介紹

自媒體的第一筆收入是奠定長久經營的基石。

10 那些年，我接觸過的網路詐騙

　　我本身有資工的背景，研究領域為資訊安全、物聯網安全，所以特別注重資安，加上過去接觸許多網賺資訊，看過不少網路詐騙，也經常協助網友解決相關問題。現代的年輕人都是重度的網路使用者，自媒體創作者更是如此，處在這樣的環境要避免被騙才能賺錢。

　　相信你經常看到這種聳動標：「立即加入就送 3,000！」「每週獲利破萬，讓你躋身人生勝利組！」「真人真事，百名投資者見證！」「小額投資長期獲利！」詐騙手法不斷翻新，不勝枚舉，我整理出幾個最常見也最容易上鉤的網路詐騙手法，認清這些騙術，才能避免一時衝動而掉入陷阱。

Facebook 社團詐騙廣告

　　非常多 Facebook 社團上聚集了一群渴望網路賺錢的人，也成為詐騙集團謀利的主要管道。他們透過程式與假帳號在成千上萬的社團中分享詐騙訊息，讓你誤以為「網路賺錢很輕鬆，手機打打字就有收入」，還進一步分享與跑車的合照、存款入帳的收據，藉以增加真實性並吸引大眾的目光。

這些詐騙廣告的策略是以量取勝，發出一萬則貼文中只要幾隻魚上鉤就夠了。

最常見的是「打字賺錢」，鎖定想在家賺錢的媽媽族群。知名 YouTuber Joeman 拍過一部揭穿這類詐騙手法的實測影片：詐騙方聲稱「當天現領」「在家也能賺錢」吸引你加入，每一

> 誠徵🍎蘋果IOS、安卓遊戲代儲
> ⭐大量單子等你來做⭐
> ⭐當日做當日領、天天都有單
> 工作是代客人儲值手機
> 只要你有空，愿意刷刷單子
> 有蘋果、安卓手機就可以做到
> 完全免費絕對不需要你花一毛錢
> 適合想多一份收入的人做
> ❌你是來賺錢的，全程0花費❌
> ✅任何轉帳方式都可以
> 1️⃣日薪可以達到500-5000（無上限看你做幾單）
> ✅可以自選時間工作
> 想了解歡迎留言私聊或➕168

詐騙廣告

層人員都會要求你轉一筆費用，匯款後再把你丟給下一線人員，直到你發現時已經被層層剝削了一堆錢。其實根本沒有所謂的賺錢工作，即使真的取得工作機會，只是成為他們的一員，變成詐騙同夥。

打字賺錢詐騙（翻攝自 Joeman 的 YouTube）

假遊戲真詐財

第二常見的是透過簡單易上手的遊戲來包裝，讓你覺得只要先投入一些資本就可以輕鬆賺錢，以下舉幾個常見的遊戲詐騙案例：

派特寵物街

買賣虛擬寵物賺取價差，再用老鼠會的方式拉下線加入，即可小額投資、輕鬆賺錢。這種遊戲的盲點在於「後金補前金」，是詐騙資金盤的一種類型。剛加入的人都能輕鬆賺到錢，因此不會覺得是詐騙，但由於並沒有真正的獲利方式，玩家增長到一定程度後就產生泡沫化，導致後金無法跟上前金，遊戲公司惡性倒閉並捲款潛逃。派特寵物街就是在遊戲運行一陣子後，玩家們才發現寵物無法買賣、難以變現，而業者賺飽錢後就人間蒸發。

這些遊戲每年都會以新的包裝方式出現，近期則以「區塊鏈」「虛擬貨幣」「5G」等符合時代潮流的關

派特寵物街領養

鍵字來吸引人加入。這些關鍵字確實是新科技話題,卻總是被運用在不正當的用途上,造成新技術的汙名化。

博弈

賭博一直是人們內心的慾望,但在各國通常被禁止,因此出現許多線上博弈網站,讓玩家們有一個圓夢管道。新興的博弈網站看似正常,像賭場一樣開放玩家注入與匯出資金,但這些網站並非合法,許多流程無法太過透明,因而成為詐騙的方法之一。

通常有一位老師來帶頭,並邀請你加入一個群組,告訴你「該如何下注才會贏錢」。當你因為輕鬆賺錢而失去警戒心,容易在一把下注中輸掉,而老師則會在群組說你操作失誤,並聯合其他同夥指責你,要求你再增加更多資金扳回一城,或賠償其他玩家。等到你發現有異常時可能財產已經被騙光了。

還有許多博弈詐騙手法,像是可以入金無法出金、遊戲怎麼玩都輸錢、玩到一半網站就關閉等。看到任何博弈網站請守緊荷包,跟親朋好友小賭怡情就好。

博弈廣告

眾籌

眾籌就是群眾募資，與傳統融資類似，但商業模式更為開放，不單以商業利益為導向，而是集結大眾的支持與熱愛，主要目的是先觀察市場熱度，並募集第一筆開發資金。

朋友 F 曾經參加一個募集蒸氣鍋創業資金的眾籌投資項目，它採取類似入股的方式，但沒有實際的股份。該蒸氣鍋老闆募集了約 3,000 萬資金，半年後正式營業，依照獲利來分紅，並提供 50% 推薦獎金制度，換句話說只要找一個人來加入就可以抽 50% 的佣金。

第一個月盛大開幕，請了猛男辣妹來宣傳，生意很好但開銷過大而沒有分紅；第二個月收支剛好打平，所以也沒有分紅；第三個月突然進行施工，同時發布許多施工照片，半年後宣布進軍中國，結果音訊全無，店家消失、老闆捲款潛逃。此時 F 才意識到這根本不是投資創業，只是一個吸金手法。除了少數人透過推薦佣金賺回本金之外，其餘人的錢全部被騙走，當初募資的網站也跟著關閉，一群受害者求償無門。

近期臺灣出現不少群眾募資的商品，以商品為主的募資詐騙機率偏低，比較可能遇到的是商品開發不如預期或延遲出貨等狀況。如果是眾籌投資則務必小心，風險如同購買一間未上市公司的股票，而且沒有股權證明，若當中包含推薦制度或不合理的報酬（比如保證年化報酬率超過 20%），超過九成的機率屬於詐騙項目。

傳直銷與老鼠會

　　每個人的一生中多少會接觸到傳直銷，不管是自己經營還是朋友拉你，傳直銷的市場與人口非常龐大。相較於一般的工作，傳直銷屬於業務性質，依據業績的多寡而獲得不同的獎金，許多人因此被夢想中的高薪吸引而進入傳直銷領域。

　　傳直銷本身屬於合法商業模式，主要的獲利管道如下：

- 銷售公司商品的分潤。
- 下線入會費的分潤。
- 下線、下下線等多層次的商品銷售分潤。

　　最早的商業模式以銷售商品為主，若消費者認為商品很棒，可以付費加入並獲得推廣代理權。但商品分潤較低，而推廣者賺取下線入會費的分潤較高，因此許多人都以拉人為主、賣商品為輔，偏離了商業模式的本質，進而延伸出許多非法傳銷，也就是所謂的老鼠會。

　　老鼠會通常沒有商品，其運作模式以拉人為主。推廣者都是為了賺取會費，利用話術與夢想拉更多人加入。直到新加入的會費無法負擔初始成員的獎金就會產生泡沫化，賠錢的是最後加入的老鼠。

　　你可以加入傳直銷為自己的未來拚一把，但加入前要學會辨別合法傳直銷與老鼠會的區別：

· 合法登記在公平交易委員會。

· 在臺灣有成立公司。

· 有實質的商品與合理的價格。

· 不誇大報酬率。

· 網路上有公開透明的資訊。

· 提供退費機制。

　　老鼠會大多資訊不透明，透過報酬率來吸引人加入，經常出現在網路社團與廣告中。它與資金盤類似，以吸睛話題包裝，實則是一場金錢遊戲，或者自稱合法直銷，當創辦人吸到夠多錢就會消失跑路。

網路釣魚與簡訊釣魚

　　網路釣魚與簡訊釣魚的概念相似，主要是引誘你點擊連結，竊取個資或進行詐騙。通常會仿冒一些官方訊息進行詐騙，比方說偽裝成國稅局要你繳稅，或者冒充銀行盜取你的網銀。

　　例如前陣子超級盛行包裹詐騙。這個簡訊會讓你以為有包裹要收，誘使你點擊連結，進入後自動跳出 App 下載資訊，當

簡訊包裹詐騙

你下載後可能會被植入病毒，不少人因此被盜刷信用卡。

遇到這類釣魚簡訊或信件，請先注意以下重點，可以大幅降低受騙機率：

- 確認來源是否為官方信箱或網址。
- 從官方網站進入查詢資訊正確性。
- 若有縮網址一律不點開。
- 撥打反詐騙專線詢問。

正確的獲利心態

無論在網路上或現實生活中，賺錢方式都能區分為以下三種：

1. **正財**：透過自己的能力或幫助他人來賺錢。
2. **偏財**：因為運氣而意外獲得金錢。
3. **凶財**：明知違法害人卻靠該方法賺錢。

透過自媒體幫助他人來賺錢屬於正財，這種錢才能賺得長久。如果長期靠運氣賺偏財，甚至執意賺凶財，賺來的錢最終往往留不住。

阿璋心法

避免詐騙也是重要的獲利技能。

11 自媒體事業經營流程

　　來到第一章的尾聲，前面分享許多網路獲利前應有的正確觀念，進到實際運作前，我想分享自己的自媒體創業順序，讓你能概略理解，也作為本章的小總結：**創作（大量曝光）➡ 接案（穩定收入）➡ 養粉（個人品牌）。**

流程 **1** 透過自媒體累積網路聲量

　　自媒體主要有兩大類型：一種是以內容為導向，專注在單方面輸出的「內容平台」，如部落格、YouTube、TikTok、Podcast；另一種是以人為導向，專注於與粉絲雙向互動的「社群平台」，如 Facebook、Instagram、LINE 社群、Telegram。前者是經營自媒體的根基，用來分享含金量與可讀性高的內容；後者則是建立個人品牌的核心，用來與粉絲即時互動，打造「鐵粉社群」。

　　選定一個內容平台作為輸出的主力，再挑選一個社群平台與粉絲溝通。我以部落格為內容平台，專門分享程式語言、電腦軟體、WordPress 架站等硬知識，再搭配 Facebook 粉專和社團曝光內容、與粉絲交流。

流程 2　透過接案維持穩定收入

　　維持穩定的生活是成為全職創作者的必備要件。任何主題只要有足夠的含金量並累積一定的粉絲數，就能提供對應的服務來成功接案。分享穿搭的你，可以替客戶設計專屬形象；分享手寫字的你，可以幫客戶撰寫文字；分享職場工作術的你，可以提供客戶職涯諮詢。我寫部落格一陣子後，觀眾開始問我能否提供程式語言家教或架設網站服務，我因此接了不少案子。

　　舉凡家教、諮詢、設計，一對一客製化的接案形式幾乎都能套用在各領域。但也有較難轉換為接案的領域，像是分享美食就是其中一例，可以透過業配取代接案，避免淡季的收支不平衡。

流程 3　將網路聲量轉換為個人品牌

　　有時，就單一平台無法讓觀眾產生印象，造成只是一次性的過路客，看完內容就離開。最好的策略是經營多個平台，並將各平台串連起來，例如以下的串連策略：

- 將 Instagram 內容嵌入部落格文章來大量曝光。
- 用聊天機器人自動分享部落格文章到 Facebook。
- 用動態的 YouTube 影片輔助靜態的部落格文章。

　　我的所有平台都會出現「工具王阿璋」這個品牌名稱，

內容也圍繞在「實用資訊、科技教學、乾貨」，讓主題一致，才能加深觀眾的印象，達到個人品牌的效果。

隨著經營的平台變多，時間也自然被壓縮，一對一接案很難長久持續，必須盡量調整為「一對多」或「高單價」的形式，提高自己的時間價值。我的做法是大幅減少一對一架設網站的服務，然而價格有市場機制存在，很難提高太多，因此我有幾項策略：

- 轉為一對多的線上課程或實體演講。
- 將案子轉介給同行，從中抽佣。
- 專注於協助有聲量的 YouTubers、Instagrammers 架站，提高自己的知名度。

第二章會有詳盡的分析和策略，第三章則會進一步介紹如何延長自媒體事業的生命週期，那麼就讓我們趕快進到下一章吧！

阿瑋心法

透過大量曝光、多元收入、個人品牌，
打造自媒體事業。

Attempt

嘗試

———

第 2 章

———

自媒體
是最大戰場

多平台經營策略

　　如果你接觸過投資，就會理解**「分散風險」**的重要性，絕對不要把雞蛋全部壓在同一個籃子裡。經營自媒體也是一樣，不要過度依賴單一平台，先別說倒閉的可能性，平台只要降低觸及就會對創作者造成極大的打擊，經營多個平台才能降低風險。

　　「嘿，阿璋！我知道要經營多個平台，但要怎麼同時兼顧？我真的沒時間啊～」

　　每當我分享多平台經營策略就會收到這樣的疑問。對，平台很多，但時間有限，每個人的一天都只有二十四小時，要如何運用得完美自如呢？我的做法是，經營三種不同類型的平台：

1. **長期創作類**：長期分享創作內容的平台，像是部落格、YouTube、Podcast、TikTok，這些平台都能帶來長尾效應，只要發布一次，後續便有持續的流量，也是主要的收

入來源。

2. 短期曝光類：快速大量曝光創作內容的平台，像是 Facebook 粉絲專頁、Instagram、Twitter、Telegram，也能經營粉絲關係、打造個人品牌，但必須定期發布內容才能持續成長。

3. 私域人情類：分享個人心情和私密內容的平台，像是 Email、Facebook 社團、LINE 社群，透過這些平台能深入認識粉絲，並將這群粉絲轉為鐵粉，甚至變成朋友或未來的合作夥伴。而我認為這是最珍貴的資產，因為有著濃厚的黏著度。

　　我認為最好的方式是，這三種類型的平台各有一項「主力」。我以部落格作為長期創作的平台，持續產出優質內容；接著在 Instagram 上大量曝光、累積粉絲、經營個人品牌；最後持續蒐集 Email 名單，確保這些珍貴的粉絲不會被限制在平台上。

　　相反的，也有些人一次經營太多平台，結果沒有一個經營得起來。多平台經營策略是為了分散風險，而不是所有平台都去經營。在三種類型的平台中各找出最適合自己的主力，專注於三個不同的群體，才能在有限的時間內創造最大的效益。

各平台的基本運作

要如何在眾多平台中找出自己的主力呢？第一步是投入前先研究各平台的運作機制，包含創作型態、演算法、變現模式、成功案例、用戶習性等，避免前期浪費太多摸索時間，理解遊戲規則後也才有辦法同時破關。

大多數的人通常會以自己較為熟悉的平台作為首選，例如 YouTube、Instagram、Facebook 等，這些平台多半不是「剛盛行」，已經有一定程度的商業規模，所以可從中找到許多前輩們的案例當作學習典範。比如想經營 YouTube，就在 YouTube 搜尋「YouTube 經營」「YouTube 賺錢」等教學影片；想經營部落格，就在 Google 搜尋「部落格經營」「部落格變現」等教學文章。**只要平台足夠商業化，一定找得到大量的學習資源。**

當然啦，也有少數人想透過新崛起的平台來享受前期的流量紅利。就像 2021 年年初崛起的語音社交平台 Clubhouse 剛在臺灣盛行時，大家都在研究如何經營與獲利。但畢竟 Clubhouse 還未發展出一定程度的商業規模，無法從前人身上學習經驗，只能靠自己摸索，透過前期紅利奠定基礎。如果你是新手，不太建議在起步時就嘗試新興平台，因為此時還不夠熟悉自媒體生態，即使擁有一定的流量和粉絲數，也可能因為獲利模式不明確而無法變現，最終只是浪費時間。

下表是我就目前臺灣的主流平台所做的統整與分析，希望幫助你降低投入初期的學習成本：

平台	內容呈現	運作原理
長期創作類		
部落格	長文、圖文	· 抓對文章關鍵字，SEO 是王道。 · 用白話文書寫，注重閱讀的流暢度。 · 適當的圖片或影片能增添文章的豐富度。 · 善用 5W1H，建立有邏輯的文章架構。
YouTube	影片	· 抓對影片關鍵字，善用 YouTube 的 SEO。 · 使用標題檔，但內容要名副其實。 · 影片封面縮圖是吸引觀眾的關鍵。 · 由於競爭者多，許多影片都很像，勝出關鍵是專注在垂直領域。
Podcast	音頻	· 好好做自己，對待聽眾就像跟朋友聊天。 · 維持固定的更新頻率，建立聽眾的收聽習慣。 · 找出獨一無二的 BGM。
TikTok[4]	短片	· 在五秒內吸引觀眾目光。 · 鎖定三個標籤並專注在垂直領域，才能吸引更精準的受眾。 · 留言率、重播率、分享率是爆紅的關鍵。
短期曝光類		
Facebook 粉絲專頁	圖文	· 以影片或單圖加文為主。 · 屬於廣告平台，無須在乎觸及率。 · 必須引發觀眾分享和留言。
Instagram	圖文	· 維持固定發文頻率才能成長。 · 影片成效大於圖片、多圖成效大於單圖。 · 文字長度有限。 · 提高留言率與收藏率才會達到最大觸及。

4 TikTok 與抖音不同，雖然兩者的母公司都是「字節跳動」，但抖音是專屬中國的平台，而 TikTok 是全世界通用的平台，全球下載量突破二十億，擁有龐大的用戶。

私域人情類		
Email	圖文	· 轉換率最高。 · 內容以長文為主，筆調要像跟朋友聊天。 · 不要像 EDM 一樣充滿廣告訊息。 · 用聊天或痛點的標題吸引觀眾點擊，追求開信率。
Telegram	互動文	· 氣氛類似論壇互動。 · 頻道搭配群組能達到最大效益。 · 用戶多為三十歲以下的男性。 · 有許多機器人工具可協助管理和快速同步。
Facebook 社團	互動文	· 公開社團為主流。 · 適當踢除幽靈人口來維持成員品質。 · 規定討論範圍，避免內容太過發散，以專精領域為主。 · 每週有二到三種互動型貼文。 · 初期可找管理員協助回答問題或開啟話題。
LINE 群組	互動文	· 廣告帳號超多，要召集管理員維持成員品質。 · 規定討論範圍，避免內容太過發散，以專精領域為主。 · 打造溫暖氣氛，讓成員感到被重視。 · 找出靈魂人物，給予好處或與之合作，讓他願意花更多心力。

各平台的運作分析

熟悉各平台的運作後，針對內容的創作形式（文章、影片、音頻等），依據以下幾點找出最適合自己的平台：

· 最擅長。
· 能夠最快產出。

· 可以持續產出。

　　如果你仍然不知道該如何選擇平台，右邊提供一個心理測驗，根據裡面的故事情境選出最符合的選項，答案會告訴你哪個平台最適合你經營。

自媒體心理測驗

阿璋心法

勇於嘗試多平台，找出三種最適合的主力。

13 嘗試部落格，投報率六百倍！

為什麼我選擇部落格？

我投入自媒體時還是學生，每個月的打工薪水只有 1.5 萬元，還要負擔外地的生活費，根本沒有資金可以運用，所以我能省則省，想方設法以最低成本創業。當時 YouTuber 正盛行，因為記憶點高，粉絲黏著度也高，但我沒有很喜歡露臉，加上 YouTube 的創作方式是最繁雜的，從設計腳本、拍攝影片，到剪輯後製，每一段過程所花費的時間和金錢都相當高，所以我不考慮 YouTube 這個平台。

經過一番比較後，我發現部落格的投入成本較低，只要打字就能開始。許多人認為部落格是「時代的眼淚」，是過去幾年才盛行的產物，事實上並非如此。你在 Google 上搜尋關鍵字後跳出來的答案幾乎都是部落格文章，可以想像每天有多少人在上面查詢資料。臺灣知名的部落格平台痞客邦目前的使用人數就高達六百六十萬，由此可知部落格市場仍然很龐大。**部落格永遠不會消失，除非到了人人都不靠 Google 查詢資料就能解決所有問題的那天。**

目前臺灣除了痞客邦之外，還有 Medium、方格子等許

多選擇，我考量到平台將來倒閉的可能性，也想設計簡約獨特的界面，因此選擇用 WordPress[5] 自己架設部落格，以下是當時我所花費的成本：

- **WordPress：**本身是免費軟體，可以自由使用。
- **網域：**自定網址（我的網域是 johntool.com），一年費用新臺幣 300 元。
- **主機：**存放網站的電腦，一般會租用主機商的服務。我在 Cloudways 購買虛擬主機，一個月最低費用 12 美元，約新臺幣 320 元。

　　對，一個月不到新臺幣 500 元，就是我剛開始經營部落格的所有花費！這 500 元對我來說意義非凡，讓我在一年之內賺到人生第一桶金，目前每個月也為我帶來超過 30 萬元的收入。

　　部落格是我非常熱愛的平台，但每個人的興趣不同，有人喜歡說話、有人喜歡拍片，所以以下我把各平台的最低花費列出來，讓你參考小資族的自媒體創業方式。

Facebook、Instagram

　　社群平台的最大好處是完全免費，也就是零成本經營。製作圖片的話，如果你的電腦有安裝 PowerPoint、Keynote 等文書軟體就可以運用，也可善用免費的線上製圖工具

---

[5] 一般所謂的 WordPress，其網址是 WordPress.org，為免費的部落格軟體；還有一個容易混淆的 WordPress.com，是基於 WordPress 的服務提供免費與付費的部落格平台。本書中的 WordPress 為前者。

Canva、DesignCap 等。

Podcast

最注重的是聲音，所以唯一需要投入的成本是麥克風。手機錄音可以使用原廠耳機；電腦錄音可以使用 CP 值高的麥克風，我的第一支麥克風是圓剛 AM310，大約 1,500 元。初期不用挑選最好的設備，等到獲利再來優化。

剪輯的話可以使用免費的 GarageBand 或 Audacity，前者是 Apple 官方推出的數位音樂創作軟體，後者是各平台通用的剪輯軟體。

YouTube

需要投入較多的設備。錄製可以使用手機，收音則建議購買領夾式電容麥克風，我自己使用 BOYA BY-M1，大約 700 元（但不適用 Android 系統）。

此外還有其他做法：我的架站教學影片是利用電腦螢幕錄製加上麥克風收音，如果需要露臉再買個電腦視訊鏡頭，我使用 Logitech C922 Pro，約 3,000 出頭；知名 YouTuber 好葉的手繪影片則是透過 VideoScribe 軟體製作，每個月花費 400 多元。

最重要的剪輯，建議購買 Adobe Premiere Pro，這是業界最常使用的剪輯軟體，一個月的授權費用是 672 元，網路上有很多免費的學習資源、素材、模板。

TikTok

同樣是以影片為主的平台,但不像 YouTube 這麼繁瑣,而且近乎零成本。

用手機自拍錄影,再搭配平台提供的特效功能,剪輯建議使用中國抖音推出的免費 App 剪映。

平台	設備	金額	最低總花費
部落格	WordPress	0 元	500 元 / 月
	網域	300 元 / 年	
	主機(Cloudways)	12 美元 / 月	
Facebook	[製圖] 線上工具	0 元	0 元
Instagram	[製圖] 線上工具	0 元	0 元
Podcast	[錄製①] 手機附贈的耳機	0 元	0 元～1,500 元
	[錄製②] 麥克風	1,500 元	
	[剪輯] GarageBand、Audacity	0 元	
YouTube	[錄製①] 領夾式麥克風	700 元(iOS 系統)	1,300 元～5,000 元
	[錄製②] 麥克風+視訊鏡頭	4,500 元	
	[錄製③] VideoScribe	500/ 月	
	[剪輯] Adobe Premiere Pro	672 元 / 月	
TikTok	[錄製] 手機	0 元	0 元
	[剪輯] 抖音 App	0 元	

各平台的最低花費

「我想經營自媒體，可是不知道怎麼開始。」

「我想寫部落格，可是好像要花很多時間。」

「我想當 YouTuber，可是沒錢買這麼多器材。」

許多人想投入自媒體卻遲遲沒有展開行動，為了讓你理解投入門檻並沒有這麼高，我分享了低成本的起步方式與各平台的最低花費。**接受不完美主義，先求有再求好，一旦確立目標就立刻行動吧！**

阿璋心法

少一些藉口，多一些行動，離成功更近一步。

14 部落格寫作心法

　　我的長期曝光類平台主力是部落格，這是我最拿手，也是第一個經營的平台。

　　目前臺灣主流的「現有部落格平台」非常多，舉凡痞客邦、Xuite、Vocus、Medium 等，各有各的優勢，但共通的缺點是不能自訂網域。**要經營部落格，SEO 是王道，不能自訂網域代表著若你想轉移平台甚至平台倒閉，你的 SEO 是帶不走的**，某些平台甚至連文章都無法匯出，所以有一定程度的風險（「真正的時代眼淚」無名小站就是一個最好的例子）。

　　至於「自架站部落格」的主流則是 WordPress，市占率超過 30％，也就是若在 Google 搜尋網站，十個裡有三個是 WordPress。如果想把部落格當成自己的事業並長久經營，強烈建議使用 WordPress。

　　SEO 的全名是「搜尋引擎優化」（Search Engine Optimization）。簡單來說，你的內容必須圍繞在某個關鍵字，並取得該關鍵字在搜尋引擎上的排名，讓使用者搜尋該關鍵字時容易看到你的網站。**一個網站如果沒有流量就沒有存在的意義**，SEO 有助於提高排名、增加流量。有流量就能

變現，以部落格來說，流量愈高會帶來愈多的 Google 廣告收入。以下是我整理的高排名 SEO 技巧：

技巧 **1** 文章關鍵字的設定

首先決定文章的主題，並以搜尋者的角度思考搜尋什麼關鍵字最符合這篇文章。例如在 Google 搜尋「桃園美食推薦」會出現「相關搜尋」，這些關鍵字是搜尋者可能感興趣的主題，也是可以選用的關鍵字。其他好用的關鍵字工具還有 Google 趨勢、Ubersuggest、Keywords Everywhere。

Google 相關搜尋

接著確認各關鍵字於 Google 前五名的文章，如果內容普通，就靠完整度、深度、個人觀點來超越它。初期不要好高騖遠，跟搜尋量超大的關鍵字競爭，專注在小關鍵字就好。

技巧 **2** 吸引人的標題

吸引人的標題有幾個重點：

- **包含關鍵字**：標題中一定要含有關鍵字，才能強化你設定的關鍵字，讓 Google 收錄更準確。

- **讀者角度思考**：揣測讀者想點進什麼標題，像我的部落格鎖定想學習操作軟體或架設網站的受眾，因此大部分的文章標題都是「○○○教學」。

- **善用數字和問句**：根據統計，人的目光容易被數字和問句吸引，例如「如何○○○？」「○○○是什麼？」「十種方法製作○○○」等。

- **勾起好奇心**：人類對於未知的事物總是特別好奇，標題若含有「揭祕」或「大公開」，成效會特別好。

- **畫面感**：能產生畫面感的標題容易吸引人點擊，像「網路賺錢」這個詞，搭配動詞改為「打開網路就有錢」，會更有想像畫面。

技巧 3　精準的摘要

　　摘要會出現在 Google 搜尋頁面的標題下方和文章開頭，書寫方法有兩個小技巧：

- **包含關鍵字**：能使 SEO 更精準。

- **使用問句**：例如「部落格沒有流量怎麼辦？」「投資賠錢怎麼辦？」能直接打入搜尋者的痛點。

技巧 4　清楚易懂的文章架構

寫文之前善用 5W1H（When、Who、Where、What、Why、How）思考文章的架構，設定大標題和小標題，避免寫到一半偏離主題或缺乏邏輯。我寫這本書的過程也是先列出各章節的大小標才開始書寫。

技巧 5　添加圖片或影片

圖文並茂能吸引目光，特別是落落長的文章，適時在一些段落添加示意圖或相關影片能讓閱讀品質更佳。

此外，替圖片添加「替代文字」有助於讓 Google 更了解圖片的含意，也能增強 Google 圖片的 SEO 排名。而影片能讓讀者停留在文章的時間更久，也有機會排名在 Google 影片的搜尋列表中。

技巧 6　連結相關文章

文章中適時添加「內部連結」與「外部連結」。內部連結是加入連結到網站中的其他文章或頁面，增加文章之間的關聯性。外部連結則是加入連結到外部網站，若提到某些名詞解釋，可以引導讀者連到維基百科或相關性高的網站，增加文章的可信度。

SEO 之所以被設計出來是為了讓搜尋者快速找到答案，提供對搜尋者有價值的內容就是經營部落格的核心關鍵。

阿璋心法

有價值的內容＋策略寫作技巧
＝高排名的關鍵！

15 Instagram 圈粉祕訣

我的短期曝光類平台以 Instagram 為主力，因為我的受眾多為年輕族群，他們幾乎都使用 Instagram，反而不一定會用 Facebook。而且 Instagram 的最大特色「限時動態」（Stories）對於經營個人品牌有非常大的幫助。

我從 2019 年 10 月開始經營，當時希望一年後突破五千追蹤，沒想到居然超過十萬追蹤，達到預期目標的二十倍！很多人都問我：「是不是有花錢買廣告？」不，我完全沒花一毛錢，但是我花了大把大把的時間和精力研究受眾喜歡什麼樣的貼文，才擁有現在的成績。

我統整了自己一年多來的基本經營策略，並濃縮成超級乾貨。照著以下六個步驟，你的 Instagram 一定會有好的表現：

步驟 1 設定發文主軸

投入之前先設定發文主軸，才不會迷失方向。以下以食衣住行育樂為例，分享十種常見的 Instagram 帳號類型：

- **美食類帳號**：臺灣美食評鑑、日式或美式料理分享、西餐

禮儀介紹、咖啡廳日常分享。

- **穿搭類帳號**：最新潮流情報、每日穿搭術、品牌介紹與推薦。
- **旅遊類帳號**：旅館開箱、住宿推薦、酒店介紹、踩點打卡、挖掘特色小店或餐廳、高 CP 值旅遊行程規畫。
- **運動類帳號**：正確健身知識與姿勢、居家運動、NBA 球星、冷門運動推薦。
- **語言類帳號**：英文教學、韓文教學、日文教學。
- **教育類帳號**：各種好玩資訊、冷知識、讀書心得。
- **理財類帳號**：投資理財知識分享、財經趨勢分析、國際事件影響分析。
- **職涯類帳號**：轉職心得、履歷技巧、求職經驗。
- **手繪類帳號**：時事插畫、插畫日記、四格漫畫、粉絲投稿。
- **語錄型帳號**：金句分享、正能量、毒雞湯。

步驟 2 設定 Instagram 角色

給自己一個專屬定位，例如懂行銷的工程師、臺南小吃達人、超會化妝的男人等等。也要讓觀眾留下記憶點，最好能與你的個人特色，或你提供的服務、產品有所關聯。

- **帳號名稱**：我的中文帳號是「工具王阿璋」，英文 ID 是「johntooltw」，所以我的內容是滿滿的實用工具文。經

營初期我特別寫出自己的職業「#工程師」，是為了讓大家搜尋工程師時可以瞬間找到我的帳號。

- **個人介紹**：按下追蹤的前一個動作通常是看個人介紹或粉絲數。在個人介紹描述自己的個性、主題、標籤、特色、風格，能提高他人按下追蹤的機率。

- **頭貼**：用戶通常會以圖像辨認帳號。放上符合帳號形象的照片或自己的 Logo，但不要常更換頭貼，因為會讓用戶難以辨認，也必須重新建立對你的印象。

- **主頁連結**：你應該看過有些人的限動會出現「查看更多」或「了解詳情」的按鈕，往上滑便開啟連結前往另一個網站，這是粉絲數達一萬才有的功能。如果尚未達一萬可以使用 Linktree、Taplink，把你的所有網址整合在一個頁面，並將此連結發布在主頁。

步驟 3　寫貼文

以不完美主義，先產出再優化。以下是寫貼文的流程：

① **思考主題**：確定主題，大概有個方向後再慢慢完成架構。平時想到任何主題就隨時記錄下來，這些都是靈感來源的庫存。

② **彙整資料**：蒐集素材並統整相關資料。

③ **列出大綱**：善用 5W1H，從蒐集到的資料中擬定大綱。

④ **寫好文案**：語氣不要太嚴肅，最好像是跟朋友分享新知的口吻。適當插入表情符號會讓整體氛圍更活潑。

⑤ **置入標籤**：根據主題與內容使用 Hashtag（標籤），數量不用多，但要切合主題。切記不要使用禁忌標籤（如 # date、# tinder），否則很可能被降低觸及，甚至貼文遭到刪除。

步驟 4　製作貼文圖片

　　Instagram 是以圖片為主的平台，要將內容精華轉換為圖文的呈現形式。以下是製圖要領：

- **選定色調**：決定能代表你的個人品牌的主色調，像我的主色調是深藍色。
- **獨特版面**：設計能代表你個人特色的版面。
- **思考排版**：常見的排版有九宮格、棋盤格、拼圖型，看你喜歡哪一種。
- **選定字型**：推薦思源宋體、黑體、柔黑體、粉圓體這四種字型。

步驟 5　製作限時動態

　　即使沒有每天發貼文也一定要發一則限時動態。限動具

有時效性與特別的互動性，我自己花在滑限動的時間遠遠高於貼文，換句話說，限動能比貼文更快與粉絲產生連結：

- **分享真實生活：**用濾鏡拍下你的一日生活，讓粉絲透過鏡頭融入你的生活圈。
- **設計互動遊戲：**加入票選或開放式問答等遊戲，提高與粉絲的互動率。
- **轉發有價貼文：**轉發其他創作者的優質貼文，並善用 @ 提及創作者，若對方也有轉發就能提高你的曝光度。
- **定期開放問答：**與粉絲隨興聊天。

此外，可以把有意義的限動新增到「精選動態」，並做好分類，像我就整理了手寫桌布、演講紀錄、推薦帳號、IG 諮詢等（如右圖），方便粉絲回顧。

阿璋心法

用 Instagram 與粉絲即時互動，
建立個人品牌。

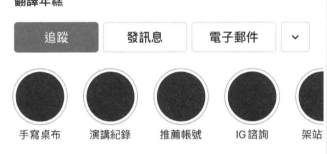

Instagram 精選動態

16　內容的複利效應

　　當你採取多平台經營策略，就不太可能為了各平台產出不同的內容，所以最好的方式是：**蒐集一次資料，製作最完整的內容，並將內容拆解成所有平台都適用，追求「一次產出，最大成效」**。假設內容主題是十種修圖軟體教學，做法如下：

做法	發布平台
1. 蒐集完整資訊，整理成長篇文章。	部落格。
2. 精簡資訊，製作圖文小卡。	Instagram。
3. 分享部落格和 Instagram 連結。	Email、LINE 群組。

軟體教學文的一次產出，最大成效

　　再舉個我的切身例子。我偶爾會在 Instagram 直播，和粉絲聊聊如何經營自媒體並回答問題，下播後我請剪輯師將直播影片濃縮成十五秒或六十秒的小短片，再上傳到 TikTok。TikTok 和其他平台最不同的地方是，粉絲數不高也能有良好的曝光，當受眾看完影片並留言或分享，平台會自動推播給

更多觀眾。光是這個方式就讓我在經營 TikTok 的三個月內，最高影片觀看數達五十萬，也累積了一萬名粉絲。

我也會同步在 Instagram、Facebook、YouTube 三個平台直播。我的策略是：Instagram 雖然是我與粉絲交流的主力平台，但當時還沒有 IGTV 的功能，直播只能存放在二十四小時的限時動態，無法產生後續成效；而 Facebook 有即時分享通知，散播力強；YouTube 則可以長期留檔在平台上，新的觀眾能透過搜尋來觀看，甚至有熱心的粉絲在影片下方記錄時間軸，有助於其他人更有效吸收內容。換句話說就是，**一次功加三平台的串接同步搞定。**

此外，將自己最不擅長的工作外包出去也是一次多工的好方法。以下是外包 SOP，參與成員有我，以及外包的主編和編輯，總共三人：

拆解	內容	成員
工作 1	發想主題	阿璋
工作 2	思考文章架構與大綱	主編
工作 3	寫文＋實測	編輯
工作 4	校閱＋上稿	主編
工作 5	最終確認	阿璋

軟體教學文的外包 SOP

目前我的主要工作是發想主題、撰寫文案、思考獲利模

式，製圖、剪片的任務則外包給專業團隊，才能專注於自己擅長的事情，持續創造獲利來支付外包費用。當流量和粉絲成長，你會發現獲利的幅度遠大於支出的薪水：

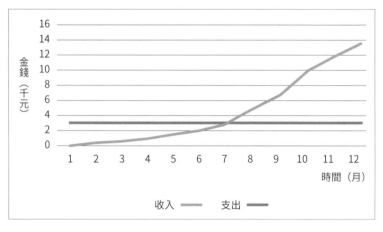

收支數據化

致力於將一次的內容發揮最大的成效。

17 評估風險，設定停損點

　　每個人的天賦、特質、個性不同，適合的平台與擅長的創作方式也不同，如果不小心投入到不適合的平台，可能白白浪費一堆時間，所以設定停損點很重要，尤其是要經營第二個平台時更是如此，才不會顧此失彼。倘若經營許久仍然沒有起色，往往不是你不夠努力，而是努力在錯誤的地方。**堅持並沒有不好，但要堅持在對的地方。**

　　2020 年 3 月，我收到一封 TikTok 官方的來信邀約。TikTok 的影片類型以娛樂、搞笑為主，平台為了增進內容的多元化而推出創作者培養計畫，邀約知識型 Instagrammers 到 TikTok 發布知識型影片。當時，我所經營的部落格和 Instagram 都達到成效，而 Facebook 和 YouTube 是用來輔佐部落格，屬於佛系經營。因此我必須考量的是：特地為了一個新平台投入時間和心力，究竟值不值得？我花了一週研究基本運作模式，發現 TikTok 是一個可以嘗試的平台，所以立刻著手經營。

　　初期的成效令我相當意外，第一部影片就有一千多次觀看，於是我決定投入更多時間成本。但畢竟 TikTok 是新平

台，**我設定的停損點是「三個月、一百部影片」，如果超過這個成本還無法看到明顯的獲利轉換成效就停止投入。**

最後，我在 TikTok 持續經營了五個月，累計發布超過一百部影片。以流量來說成績算不錯，總觀看次數突破百萬，更累積了一萬名粉絲。然而獲利卻沒有明顯的成效，這正是 TikTok 的問題點，曝光雖高但轉換速度慢，多半得透過 Instagram 和 YouTube 的二次導流來轉換，難以追蹤成效，我甚至還遇到一些酸民的留言攻擊，因此停止經營。

雖然沒有持續下去，我仍然建議初學者嘗試 TikTok，能為你快速帶來大量曝光。

短中長期成效追蹤

設定停損點並開始執行後，可以製作一張「計畫清單」：

範例	練習
三個月產出一百支影片。	○月產出○○○支 / 篇＿＿。
↓	↓
一個月產出三十三支影片。	○月產出○○支 / 篇＿＿。
↓	↓
每天上傳一到兩支影片。	每天上傳○支 / 篇＿＿。

計畫清單

設立停損點就如同設定短期目標，要具體規畫、拆解工作，才能在時間內達成並有效評估。若到了停損期限卻沒有

足夠的作品量可以觀察，這個停損點就無法發揮效用。另一方面，即使在停損點內達到成效，也不代表可以就此鬆懈，而是要定期評估，若發現無法穩定經營，仍然要再次設立停損點。

阿璋心法

投入新平台前先設立停損點，
把堅持用在對的地方。

18 多元獲利模式 —— 主動收入

　　透過前面介紹的方法，理想情況下應該會在兩年內看到不錯的成效，但若依舊沒有起色，可能是內容不好、執行力不足、獲利模式不明確等。以我目前的觀察，許多創作者的內容很棒，流量也不錯，但就是少了商業模式，空有粉絲而無法變現。

　　經營自媒體卻沒有獲利，一切都是空談。**或許有些人認為創作就是憑著一股熱忱，但長期下來是不健康的，沒商業思維和獲利模式，又怎能持續產出有價值的內容呢？**很現實也很真實。我建議先對獲利模式有基本的理解，再將它運用到適合的平台，那麼即使未來轉換平台，還是能快速規畫營運方式。

　　首先，我將獲利模式分為「主動收入」與「被動收入」，當然我要定義一下這兩種收入的差別：

主動收入：一定要主動付出時間和勞力才能拿到固定的收入，例如：上班賺到的薪水。

被動收入：不工作也能賺到的收入，剛開始需要投入大量的

金錢或時間，例如：花錢買股票獲得的股息、花時間寫書賺取的版稅。

以下是我整理出可行性較高的自媒體獲利模式：

主動收入：業配、服務、商品、訂閱制。
被動收入：廣告、聯盟行銷、贊助、付費連結、廣告版位出租、線上課程、電子書。

主動收入 ❶　業配

等同於置入性行銷，要為廠商的商品量身打造業配內容，屬於主動收入。擁有一定的粉絲數或流量時會收到廠商的邀約；也可以主動聯繫廠商，或去 Facebook 發案社團、網紅媒合平台尋找案子。

「怎麼又是業配？」
「業配文也太多了吧～」

「創作內容」與「業配內容」的比例建議抓在 5：1，也就是分享五篇內容再搭配一篇業配。不要一直業配，也不要接與你的主題無關的業配商品，最好將兩者結合，讓原先的受眾觀看適合的內容，又能吸引他們買單。推廣成效愈好，業配價碼能拉得愈高。

主動收入 **2** 服務

提供諮詢、設計圖片、架設網站等。只要累積一些流量和粉絲，很容易轉換成服務收入，也可以直接詢問粉絲的需求，或當他們重複詢問某些問題時就把這些題材轉換成服務內容。剛開始可以用免費或低價的方式促銷，同時蒐集案例見證、檢視服務流程，再慢慢提高價格到市場可接受的最大範圍。

服務收入是必須花上時間與勞力才能獲得的報酬，所以當自媒體愈做愈大，就要思考是否符合時間成本。

主動收入 **3** 商品

有些人先經營電商網站才經營自媒體來銷售商品，也有些人先經營自媒體再推出周邊商品來吸引粉絲購買，無論何種，銷售商品都是很好的獲利模式。

商品類型分為實體商品和虛擬商品。以實體商品為例，許多 YouTuber 會推出聯名商品，例如美食 YouTuber 推出乾拌麵、健身 YouTuber 推出高蛋白乳清。至於虛擬商品，一位 Instagrammer 專門分享照片調色，同時在蝦皮販售 Lightroom 的色調參數，吸引上千位粉絲購買。

推出商品需要花費大量的時間和心力，尤其是自行開發實體商品更是如此，還要處理售後服務等細節，因此我列為主動收入，但如果能夠把流程外包出去，也會變成很不錯的被動收入來源。

主動收入 4 訂閱制

　　我認為訂閱制是未來的趨勢，像 YouTube 的付費會員、KOL 的付費 VIP 群組、線上課程、電子報等，都能設計成訂閱制。

　　訂閱制會帶來不錯的長期收入，但困難之處在於，要穩定這個收入也必須持續產出高價值的內容，一旦你沒有做好，客戶就會退訂，而且再次訂閱的可能性很低，這也是為什麼我將它歸類為主動收入。

19 多元獲利模式——被動收入

被動收入 1 廣告

最常見的獲利模式。大多數的部落客都會申請 Google AdSense 的廣告服務，計算方式是曝光次數或點擊次數。以我的部落格為例，日流量約五千到六千，每日收入約 3 美元。為了維持閱讀品質，我都採用手動插入廣告，收入比自動廣告（由 Google 自動安插最佳廣告位置）低，因此要靠廣告收入過活不太可能。

廣告是完全的被動收入，只要維持穩定的流量就能持續有收入，但也會影響觀看品質，一篇文章或一則影片中插入太多廣告會引起觀眾反感，甚至提早離開，所以要取得廣告數量與內容品質之間的平衡。

被動收入 2 聯盟行銷

透過廠商提供的推廣連結來追蹤訂單，只要成交訂單就會得到分潤，而且每個平台都適用，是我最喜歡的獲利模式。推廣者選擇自己喜歡的商品，認真產出內容，又能獲得持續性的報酬；廠商也不用貿然花下大筆的業配費用，只要

根據銷售訂單提供分潤。我大多鎖定高單價、高分潤比例的商品，因此即使推廣的數量不多仍然能獲得不錯的收入，也成為我所有平台的主要獲利來源。

被動收入 3　贊助

在綠界科技 ECPay 申請會員，取得「實況主收款」連結並分享在平台上，等待粉絲的支持。贊助收入屬於可遇不可求，國外十分流行，臺灣則較不盛行。我的部落格也有放贊助連結，每幾個月會收到一筆收入，雖然金額不高，但這是對創作者非常大的鼓勵。對於遊戲實況主、吃播主、表演或唱歌等直播主是一筆不錯的收入來源。

被動收入 4　付費連結

通常是專屬部落格或高流量網站的收入來源，有些 SEO 代操公司或廠商會希望在你的高流量文章中插入他們的連結，藉以導流到他們的網站。收費方式分為一次性收款與持續性收款兩種。我的部落格就經常收到付費連結的邀約，但也必須篩選一下網站品質，如果將觀眾導流到色情網站就不太好了。

被動收入 5　廣告版位出租

與付費連結的概念類似，也是專屬部落格或高流量網站的收入來源。部落格通常會有放搜尋功能、社群連結、熱

門文章的「側邊欄」區域，也有廠商希望置入他們的廣告圖片，並直接連結到他們的網站。通常以一個月、半年、一年來計費，每個月開價是日流量 ÷100，單位是美元。例如我的部落格日流量六千人，每月收入就是 60 美元。

被動收入 6　線上課程

　　自從 COVID-19 爆發後蓬勃發展，大多數的創作者經營到一定程度後都會推出線上課程。它不像實體課程要不斷複述同樣的內容，只要錄製一次並處理好銷售流程，就是一筆很棒的被動收入。我的線上課程「WP 全方位架站攻略」在預售一週內就達四百位學生報名，賺進 300 萬元。

WP 全方位架站攻略

被動收入 7　電子書

　　比透過出版社出書來得容易許多，製作方法也很簡單，在 Word 做好內容並轉成 PDF 就可以自己銷售或上架到電子書平台（如 Pubu 或 Readmoo）。選定一個吸引人的標題，並在書中提供足夠的價值，即使只有三十頁也會有人買單，定

價通常在新臺幣 300 元以內。

推出電子書是為了讓觀眾願意先花小錢購買你的低價商品，當他覺得你的內容有價值，便可能購買你的其他高價服務或商品，也就是所謂的銷售漏斗。

阿璋心法

掌握多元獲利模式，讓自媒體事業更長久。

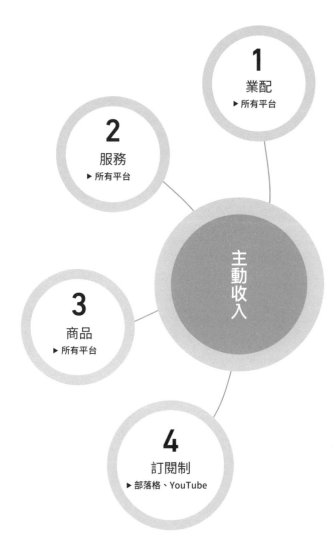

自媒體的多元獲利模式 [6]

---

[6] 在主編的逼迫下，透露另一種被動收入叫作「收購網站」，可以將當月收入乘以十，設定在十個月內回本。

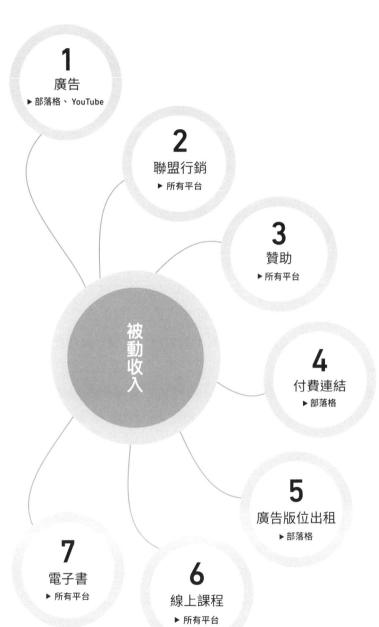

被動收入

1
廣告
▸ 部落格、 YouTube

2
聯盟行銷
▸ 所有平台

3
贊助
▸ 所有平台

4
付費連結
▸ 部落格

5
廣告版位出租
▸ 部落格

6
線上課程
▸ 所有平台

7
電子書
▸ 所有平台

Attempt

20 我靠聯盟行銷賺進 100 萬

　　或許你沒有發現日常生活中有許多聯盟行銷相關運用。比如大家常用的 Uber Eats 或 Foodpanda，這些外送平台會提供用戶推薦碼或推薦連結，只要你的朋友透過該代碼或連結註冊與訂餐，雙方便會獲贈獎勵金，這就是聯盟行銷的一種，只是無法提領到銀行，屬於「平台消費性折扣」。

　　Booking、Agoda 等訂房平台也會提供這種推薦連結，只要你的朋友透過該連結註冊與訂房，雙方都會收到住宿金，下次旅遊便可使用。這些訂房平台也有專門的聯盟行銷計畫，只要申請並成功推廣就能變成可以提領出來的現金。

　　以下是國內外常見的聯盟行銷平台：

國內：聯盟網、通路王、蝦皮分潤計畫、博客來 AP 策略聯盟。
國外：Amazon、ShareASale、Impact、CJ Affiliate。

　　聯盟網和通路王匯集了上百間的廠商；博客來的 AP 策略聯盟可以推廣博客來的書籍；蝦皮購物則是臺灣人最愛用的網購平台，就在我寫這本書的時候推出專屬的分潤計畫。

　　聯盟行銷的一大特色是不需要有大量粉絲。我的一位朋友 C 對於如何挑選電腦超級有研究，大家買電腦前都會詢問他的意見，相信你身邊的朋友或你自己就是對某個領域特別有研究的達人，那麼聯盟行銷便是很適合你的獲利模式。

　　我在 2019 年 3 月開始寫部落格與運用聯盟行銷。當時當然沒有任何流量和收入，我知道需要時間的累積，所以專注在持續產出能夠解決他人問題的文章，例如程式語言教學、軟體介紹、WordPress 教學，我推廣的聯盟行銷商品也圍繞著這些內容，並以國外的各種軟體為主，國內的話則有線上課程、PressPlay 訂閱服務、筆電、電腦周邊等。

　　慢慢的，部落格累積了愈來愈多的點閱，日流量從個位數到十位數、百位數、千位數，Google 排名也愈來愈好。隨著流量的成長，**第三個月我終於領到第一筆聯盟行銷收入，第十一個月累計賺進超過 100 萬元。**至今每個月都有超過 10 萬元的聯盟行銷收入，合作的國內外廠商達上百間。

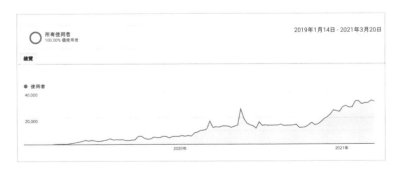

逐漸成長的部落格流量

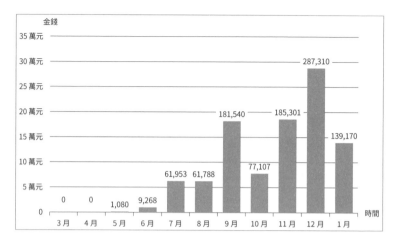

第一年的聯盟行銷收入

2021年4月19日	款項來自	TENORSHARE CO. LIMITED	已完成	$380.00 USD	-$17.02	$362.98
2021年4月14日	款項來自	ExpressVPN	已完成	$1,275.00 USD	$0.00	$1,275.00
2021年4月13日	款項來自	Cloudways Ltd	已完成	$826.31 USD	$0.00	$826.31
2021年4月3日	款項來自	ConvertKit	已完成	$26.10 USD	$0.00	$26.10
2021年4月1日	款項來自	Wealthy Affiliate	已完成	$27.50 USD	$0.00	$27.50
2021年4月1日	款項來自	Teachable	已完成	$209.30 USD	$0.00	$209.30
2021年3月23日	款項來自	Movavi Software Inc.	已完成	$315.00 USD	-$14.16	$300.84
2021年3月18日	款項來自	Brainstorm Force US LLC	已完成	$520.62 USD	-$23.21	$497.41
2021年3月18日	款項來自	Rakuten Marketing LLC	已完成	$66.28 USD	$0.00	$66.28
2021年3月15日	款項來自	INFLUENXIO LIMITED	已完成	NT$9,500 TWD	NT$0	NT$9,500

PayPal 收款紀錄

　　除了部落格之外，聯盟行銷也是我在各平台的主要獲利模式。**聯盟行銷的第二大特色是運用彈性很高，加入門檻卻不高。**以 YouTube 為例，廣告收入的門檻是達到一千以上訂閱，接業配也需要一定的訂閱數和觀看量，然而聯盟行銷卻讓我的 YouTube 在不到三百訂閱時就開始獲利。

高收入的祕訣

　　鎖定「高單價、高分潤比例」的商品能進一步提高聯盟行銷收入。假設商品的分潤比例不高，就用價格來提高分潤，例如推廣精品、高級住宿等高價商品。而高分潤比例的商品有線上課程、軟體、金融相關商品等，這些商品由於成本較低，廠商多半願意分出更多的利潤。

　　此外，透過聯盟行銷平台會被抽取一部分的利潤，**當你擁有一定的銷售成績，比如每個月能固定帶貨 1 萬元以上就可以主動出擊，直接找廠商洽談合作。**談判的過程中提出銷售數據來證明你的能力，廠商或許會提示你必須帶貨多少等條件，但無論如何都有機會談到更高的分潤或得到專屬的優惠。原本我推廣廠商 A 的商品只得到 5％的分潤，後來銷售成績愈來愈好，我就談到 15％的分潤，賣出一個商品等於之前賣出三個商品，長期下來的獲利差距非常大。

　　當你有能力就要勇於談判，但我發現很少人會主動出擊。然而你要想一件事：站在廠商的角度，他們也不想透過聯盟行銷平台而被抽取利潤，而是希望直接與推廣者合作，

達到雙方互利。

管道	形式	優惠或收入	優點
外送平台	推薦碼或推薦連結	平台消費性折扣	生活中即能運用
訂房平台	推薦連結	平台消費性折扣	
	專門計畫	現金	推薦朋友也能賺現金
聯盟行銷平台	專門計畫	現金	匯集多家廠商商品
廠商	專門計畫	現金	有機會談到較高分潤

聯盟行銷管道的分析

阿璋心法

尋找高單價與高分潤的商品，

透過聯盟行銷獲利。

21 我靠線上課程預售賺進 100 萬

COVID-19 的爆發改變了學習趨勢，學生得適應線上學習，老師必須學會遠距教學，知名 YouTuber、部落客、運動員、健身教練等各領域的高手也紛紛開設線上課程，就像是促成一場全球性的遠距教學實驗，從傳統的實體授課轉為線上結合線下的 OMO（Online-Merge-Offline）模式。

線上課程的好處非常多：

- 一次錄製，無限觀看。
- 人事、場地等成本低。
- 學費比實體課程低。
- 擴散力非常強，能跨越時間和地點等物理限制，只要打開手機、平板、電腦，隨時隨地都能學習。

線上課程也是知識變現的方式之一，只要你的專業技能比某一部分的人強，並取得他們的信任，就可以嘗試開課。以我的領域為例，跟我一樣擁有資工背景的人很多，但我在部落格的 WordPress 架站教學文章每天仍有數百人觀看，

因為對這群架站新手來說，「我就是專業，我就是他們的老師」。

「阿璋，我真的夠專業嗎？真的可以當老師嗎？」

如果你不時有這種想法，那可能是得了**「冒牌者症候群」**。有些人明明在他人眼中非常優秀，卻時常認為：「我不配！」「我不夠好。」這不是病，而是一種人格特質，因為害怕失敗而沒有自信，認為自己只是個冒牌者。

剛開始籌備線上課程「WP 全方位架站攻略」時，我也有輕微的冒牌者症候群。當我邊籌畫課程內容邊回顧過去種種經歷，像是擔任 WordCamp Taipei 2019 資訊安全講師、協助上千位新手解決架站問題、替知名 YouTuber Yale Chen 和 Ashlee Xiu 架設網站，並透過問卷調查鎖定受眾的需求後，我於是更堅定地往開課的目標前進。換句話說，**「自我肯定」是許多創作者所缺乏的開課要件。**

平台的選擇

目前國內外的線上課程平台分為「平台開課」與「自行開課」兩種。前者為「抽成制」，平台會抽取佣金、決定課程價格，老師的個人利潤會因此受到影響，也無法取得學生的資料，自主性較低；但相對的，平台會協助推廣、處理技術問題、製作宣傳影片等。我則是選擇「月費制」平台

ClickFunnels 來自行開課，從內容、價格到行銷都自己搞定，**因為擁有內容和價格的自主權是一件很重要的事。**

我本身就是線上課程的重度消費者。目前對我的人生真正有幫助的都屬於價格偏高、一堂就破萬的類型，因為這樣的價位會讓我更認真學習，想把學費賺回來；而價格較低、不到 3,000 元的課程對我來說只是買個安心，反倒不會好好珍惜，進而影響整體的學習成效。

從消費者心態出發，我選擇製作高單價與高品質的課程。「WP 全方位架站攻略」中不僅有完整的 WordPress 架站教學內容，還會進一步教導學生如何成功接案，並提供課後服務的社團。學生能賺回自己的學費，進而增進收入、拓展職涯；我也因為有了這些利潤，能花更多心力在後續的輔導。**提高購課的門檻，也才能篩選出真正高品質的學生。**

類型	平台	優點	缺點
平台開課 （抽成制）	· Hahow · YOTTA · HiSKIO	· 平台協助行銷。 · 獲得講師頭銜。 · 平台處理技術問題。	· 價格受限（大多落在 2,000～3,000 元）。 · 收入被抽成。 · 無法取得學生資訊。 · 有智慧財產權問題。
自行開課 （月費制）	· Teachable · ClickFunnels · Kajabi	· 不會被抽佣。 · 價格不受限。 · 掌握學生名單。	· 自己行銷。 · 自己處理技術問題。

自行開課 vs. 平台開課

「阿璋，可是我沒有粉絲也能開課嗎？」

的確，選擇平台開課要通過課程提案、不能與平台現有的課程主題重疊、要蒐集一定數量的問卷、要達到募資的門檻等等，開課失敗的案例也不在少數。但如果是自行開課，只要有人願意買單，門檻相對較低，所以重點在於如何找到學生，以下是我的建議：

- 在自媒體上專注於開課主題的領域，持續累積粉絲，並轉換成學生。
- 尋找相同領域的網紅、KOL，提供課程分潤或業配費用，將他們的粉絲轉換成自己的學生。
- 製作免費的簡短教學或懶人包，透過廣告投放吸引精準受眾，再藉由銷售頁面與電郵行銷轉換成學生。

最後我分享自己從籌畫、製作到預售線上課程的流程與策略：

步驟	做法	目的	成效
第 1 階段	在部落格提供免費教學系列文章「站長之路」。	蒐集電郵名單。	加深受眾的信任感。
	同步製作課程、規畫行銷。	調查受眾的痛點。	規畫符合受眾需求的大綱。

第 2 階段	課程完成 30% 時，在 Zoom 進行直播預售[7]，分享與課程內容有關的免費教學，最後提供「半價早鳥優惠」。	取得第一批學生的回饋，讓課程內容更符合市場需求。	四百人參與直播，當下近兩百人買單，一晚賺進 100 萬。
第 3 階段	大量曝光預售消息，持續追售一週。	蒐集第二批學生的回饋，讓課程內容更完整。	近四百人報名，累計賺進 300 萬。
第 4 階段（規畫中）	正式販售，協助學生接案。	將學生獲得的成效作為見證。	學生賺回超出學費好幾倍的收入。

線上課程的預售策略

預售當日營收

阿璋心法

不要讓學生來篩選課程，

而是透過價格來篩選學生。

---

[7] 若完成 100% 才開賣，萬一市場不買單會很傷成本。

22 廣告只是點心，流量不是生命

　　廣告是很常聽到的獲利模式，部落格上的廣告圖片、YouTube 上的廣告影片，都是創作者申請廣告商服務，並由廠商花錢投放廣告而來的收入。廣告服務商中最著名的是 Google AdSense，其計算收入的方式分為以下兩種：

1. CPC（Cost Per Click）：廣告每次被點擊所獲得的廣告收入。

2. RPM（Revenue Per Mille）：廣告每千次曝光所獲得的廣告收入。

　　簡單來講，要獲得廣告收入就是讓觀眾看見廣告，並提高點擊率，例如請觀眾不要略過廣告、不要使用阻擋廣告的功能等。以平台為例，YouTube 的廣告收入比部落格高。我的部落格 RPM 是 0.54 美元，若要達到月入約新臺幣 22K，必須有五萬的日流量。而我認識的一位知識型 YouTuber 的 RPM 是 8 美元，每日三千多人觀看影片就能月入 22K。

　　雖然各創作者的廣告收入有所差異，我的觀點是：**廣告**

只是最基本的獲利模式。如果你的部落格內容像我一樣屬於知識型教學，就不太可能安插過多會妨礙閱讀的廣告，因此我鎖定聯盟行銷為主要的獲利模式，每次平均帶來 10 美元以上的收入，然而若單靠廣告的話至少要將近兩萬人看見。此外，商品、服務、線上課程等收入往往比廣告高出許多。

只依靠廣告維生存在著另一種高風險：**影片被黃標、侵犯版權而被下架、無法開啟營利、廣告帳戶被停用、演算法改變、流量暴跌**，絕對不能只靠廣告獲利，一定要拓展其他收入管道。

與廣告收入息息相關的是流量，我的建議是：**流量不是最重要的指標，轉換率與互動率才是關鍵。**一百人觀看、一人購買商品，轉換率是 1％；一百人觀看、十人購買，轉換率則是 10％。比起想盡辦法增加流量，賺取微薄的廣告收入，不如思考如何提高轉換率才是獲利的核心。以下是提高轉換率的祕訣：

- **內容含金量：**內容要精、深度要夠，提升自己專業度的同時也能讓觀眾得到更多收穫，當他們得到的愈多，愈願意購買你推薦的商品。

- **與觀眾互動：**回應觀眾的留言，進一步了解他們想看的內容、想學的知識、有興趣的商品，有助於將內容做更精準的優化。

- **只推薦好商品：**盡可能鎖定長期使用、評價優良的商品，才能加深觀眾對你的認同，讓轉換率愈來愈高。

- **行動呼籲：**引導消費者行為的行銷策略，例如 YouTube 影片結尾經常提醒「按讚、訂閱、開啟小鈴鐺」就是行動呼籲。在影片或文章中呼籲觀眾點選商品連結或索取優惠，是提高轉換率的技巧之一。

- **爭取專屬優惠：**舉凡折扣碼、多件優惠、限量贈品等。假設觀眾聽完你推薦的商品，心動程度六十分，若加上專屬優惠可能會提高到九十分。知名 Podcast《股癌》在每集節目中都會推薦商品，並提供超獨家優惠，讓粉絲瘋狂買單，轉換率非常高。

　　即使你擁有龐大流量，仍然不要把流量視為一切。**你所能掌握的是內容、轉換率、互動，但流量是很難預期的，**影響因素包括發布時間、觀眾習性、重要節日、平台演算法等等，有著太多無法掌控的變因。一直在意流量的高低會讓自己的得失心太重，甚至陷入低潮期，很可能引發憂鬱症。維持健康的心態是持續的關鍵之一，以下分享幾個觀點共勉之：

- 把觀眾的提問當成內容的題材。

- 多元蒐集內容素材，扎扎實實做好內容。
- 專注於觀眾的回饋，而不是流量的高低。

阿璋心法

不要將所有心力放在流量和廣告。

23 業配該怎麼接

　　所有自媒體獲利模式中速度最快的是業配。接業配的條件不會很高，一個五百位粉絲的 Instagrammer 只要主動詢問廠商、認真尋找機會都可能接到案子。在 Facebook 搜尋「接案」或「發案」會找到許多社團，有些廠商會在裡面徵求業配合作，你也可以主動分享自己經營的主題、優勢、合作需求等。近期也有不少接發案平台，像是 Influenxio 圈圈、PreFluencer 網紅配方，可以快速瀏覽廠商案件、得到報價資訊，合作完成後平台會撥款到你的帳戶。

Influenxio 圈圈　　　PreFluencer 網紅配方

　　不過話說回來，業配收入與粉絲數有關，粉絲愈多，收入愈高。換句話說，當粉絲數少，你又急需用錢，就必須接

大量的業配，但如此一來會讓你的內容充滿商業感，容易造成觀眾的反感。如果接到來路不明的業配，還可能賠上觀眾的信任，所以要**「寧缺勿濫」**。當你有接業配的需求或遇到不錯的機會，合作之前一定要符合以下幾項原則：

原則 **1**　慎選來源

「您好，我有發送合作訊息給您。」
「請問您有意願合作抽獎活動嗎？」

在 Instagram 的留言或私訊中經常會收到這類訊息，仔細一瞧卻發現對方的商品是未經認證的保養品、仿冒品、水貨。一個好的合作邀約通常會發出正式信件，不會隨意在平台上邀約。即使透過私訊也會明確表示他們是誰、想合作什麼商品，以及合作方式為何。

接著主動查詢商家資料或商品資訊、搜尋商品是否在多家通路都販售等。如果相關資訊甚少，對方也僅止於一間小商家，可能存在許多風險，應該果斷拒絕邀約。

原則 **2**　創造三贏

確認來源沒問題後，問問自己以下幾個問題：

- 我能將商品結合自己的內容嗎？

- 我願意花錢購買這個商品嗎？
- 我信任這間廠商嗎？
- 我有辦法在期限內製作完成嗎？
- 粉絲對於這個商品有需求嗎？
- 我對得起廠商的業配價格嗎？

　　尤其是要將自己的角色切換到粉絲的立場，**如果粉絲不會買單代表這個業配成效不好，不僅會讓廠商虧錢，也會失去未來合作的機會。**一個好的業配是屬於三贏的狀態：

① 粉絲因為我的推薦買到真心喜歡的商品。
② 廠商因為我的推薦創造超過業配價格的利潤。
③ 我因為這個業配賺錢，未來有更多的合作機會。

　　當然不是每次的合作都能達到如此完美的三贏，但仍然要盡量以粉絲的立場來考量。

原則 3　精準溝通

　　決定與廠商合作後要使用信件往來，因為社群平台可以收回訊息，如果發生法律糾紛，信件具有法律效力，也不容易被抹滅證據。信件溝通也會成為合作與否的關鍵，若態度輕浮、溝通困難可能會造成雙方誤會，甚至被取消合作。以下提供幾點正式書信的注意事項：

- 信件主旨完整明確。
- 信件內容分段，不要把文字全部擠在一起。
- 開頭使用敬語。
- 注意自己的信箱帳號暱稱、照片。
- 結尾附上自己的簽名檔。
- 確認有無錯字（尤其是對方的公司、姓名、職稱）。
- 若有副本收件人也要一同寄送。
- 盡量在兩個工作日內回覆信件。

　　其實業配不是我常用的獲利模式，因為無法自動化操作，換句話說屬於主動收入，難以達到最理想的「一次產出，最大成效」。**如果遇到不錯的業配合作邀約，我會與廠商談成分潤模式，盡量讓一次的產出帶來持續性的收入。**

阿璋心法

業配可以快速獲利，但有許多細節該注意。

24

平台只是工具，
別淪為平台的工具

　　有些人專門經營某個平台，初期成效不錯而將心力全部
投注在上面，卻沒有意識到一個嚴重的問題：**如果平台倒閉
怎麼辦？** 假設一個 YouTuber 把所有影片上架到 YouTube，但
沒有同步經營其他平台，哪天 YouTube 倒閉，不僅影片消失
也失去粉絲，長期累積的心血就在一瞬間化為烏有……

　「但是，YouTube 真的會倒閉嗎？」

　　現在的我們可能難以想像 YouTube 沒落，就像十年前我
也沒想過無名小站會關閉一樣。當年在無名小站累積許多粉
絲的網紅們因為關站而失去了名聲、收入、生活重心。仔細
想想，**許多曾經壟斷市場的企業或服務，都可能因為跟不上
時代而被甩到後頭**，舉凡 MSN、無名小站、奇摩家族，就連
風靡全世界的網路遊戲開心農場也成為時代的眼淚。
　　平台的好處是快速曝光，但也隱含幾個可怕的缺點：

・**霸權：** 所有規定都是 **「平台說了算」**，可以說改就改、刪

除帳戶、停權等。

- **演算法：**平台可能隨時修改演算法，造成許多作品無法被看見，或是必須付費下廣告才能維持以往的成效，創作者只能盡量迎合演算法機制。

- **政策：**加入平台時需要同意許多隱私權政策、平台規範，這些政策往往隱藏一些「霸王條款」，直到未來的某一天才意識到其嚴重性。

舉例來說，YouTube 政策中有一條煽動違反服務條款，若用戶違反該條款，影片會被移除，帳戶也恐遭停權。光是在內容中提到 YouTube 影片下載外掛程式，就可能被認定為煽動用戶。一定要提早意識到這些可能會發生的事，並採取因應策略。

平台只是傳播創作內容的載體，讓平台成為你的工具，別讓自己淪為平台的工具。以下六種策略能讓自媒體事業走得更長遠：

策略 1　分散風險

千萬不能只經營一個平台，應採取多平台經營策略，避免平台倒閉而使所有內容在一夕之間消失。

另一種方式是轉移獲利模式。例如：不倚靠平台的廣告

收入，而是銷售商品或服務來獲利；不倚靠平台的付費會員來增加收入，而是引導粉絲至自己創立的付費 VIP 群組，換句話說，**創作、會員、獲利三者不能綁在同個平台上。**

策略 2　蒐集名單

例如蒐集觀眾的 Email、讓觀眾加入 LINE@ 官方帳號、建立私人群組，我最推薦的是蒐集觀眾的 Email，也就是所謂的電郵行銷。**電郵行銷是所有自媒體獲利模式中轉換率最高的**，但前提是，信件內容絕非滿滿優惠訊息的商業廣告，而是採用「陪伴式策略」，像一個朋友講述故事，提供價值、分享資訊，並在信中稍微置入一些商業內容。

基本上，每個平台都無法取得受眾的個人資訊，只能在平台上推播內容，因此一旦平台倒閉就會失去這些粉絲。可以透過 ConvertKit 建立名單蒐集頁，並以提供免費資源的方式讓粉絲留下 Email，即使未來平台關閉，還是能透過 Email 找回他們。

策略 3　建立網站

無論你的主力是哪個平台，我都建議要建立自己的網站，部落格或形象官網都好。**網站是不易被奪走的資源，也是讓觀眾了解你的媒介，更是統整所有創作內容、採訪邀約、周邊商品的好地方。**創業以來，我協助過 Ashlee xiu、Yale Chen 等知名 YouTuber 建立形象官網，他們都跟我分享網

站能拓展不同的受眾族群，更是銷售線上課程的好管道。

　　建立網站不需要會寫程式，透過 WordPress 就能架設網站，網路上也有非常多的免費學習資源，包含我的部落格免費系列教學「站長之路」。除了自己架站，也可以外包給網頁設計工作室，而且成本不會太高。

策略 4　多平台經營策略＋多元獲利模式

　　各平台都有共同的獲利模式，只要掌握概念，未來無論轉換到哪個平台都能快速上手。我在部落格透過聯盟行銷獲利後，經營 Facebook、Instagram、YouTube、TikTok 等其他平台也用聯盟行銷快速變現，減少轉換平台的陣痛期。**平台一直在變，但獲利模式往往都一樣。**

策略 5　個人品牌

　　讓觀眾想到某個領域的專家就會想到你，如此一來他們就不會只是平台上的用戶，而是跟隨著你的忠實粉絲。

策略 6　鐵粉社群

　　經營粉絲的關鍵在於「精」而不是「量」。科技教父凱文‧凱利（Kevin Kelly）就提出著名的「一千個鐵粉理論」：只要擁有一千名鐵粉就能餬口。**鐵粉和普粉的區別在於，鐵粉對創作者有著強烈的認同感，無論任何作品都願意付費購買。**

　　當你建立起鐵粉社群，就不用擔心平台倒閉而流失粉絲，因為鐵粉會想盡辦法追蹤到你的最新資訊，就像 NBA 限量球鞋一推出，無須宣傳即瞬間銷售一空。**對待粉絲就如同交一個重要的朋友，成為一個有溫度、有價值的創作者。**

阿璋心法

掌握創作的本質，將平台化為傳播利器。

25 經營自媒體的十大誤區

前面分享了許多策略，但有時更需要了解常見誤區才能走得更順利。在這節我化身成為「掃雷大師」，統整新手最常犯下的十大錯誤：

錯誤 1　過於追求成效

有時花了好幾天用心製作一篇貼文，成效卻不如預期；有時花個幾分鐘快速產出一篇貼文，成效卻出乎意料的好。這是常見狀況，因為貼文成效無法預期。正因為無法預期，**過度追求高成效、高 KPI 會把自己逼得更痛苦，容易陷入低潮。**比起渾渾噩噩看著數據發愣，不如認真做好內容。

半年內成效不好是很正常的，但若一年下來依舊沒起色就要反思了。可以主動詢問受眾：「想看什麼樣的內容？」「為什麼想要追蹤這個帳號？」除了提高互動之外也能得到各種反饋，帶來更多靈感。

錯誤 2　創作主題太過發散

很多人會建議新手找到自己的「利基市場」（後面的章

節會進一步分析），簡單來說就是鎖定某個特定主題並持續產出，也叫作垂直領域，讓受眾一看到你便直覺認為你是這個主題的專家。無論如何都不要同時經營超過三個主題，也不要盲目追求流量高的主題，而是思考如何做出市場區隔。

錯誤 3　無法維持經營初衷

我認識一位專門開箱各類 3C 商品的創作者，他的經營初衷是讓不懂 3C 的外行人也能買到合適的商品。然而隨著影響力增強，愈來愈多廠商紛紛找他合作開箱業配，在金錢這個強烈的誘因下，他偏離了公正推薦商品的信念，最後淪為「業配部落客」。

不論你的初衷是什麼，一陣子過後一定會面臨一些考驗。**盲目追求獲利和流量可能會喪失初衷，長期下來更會流失了從初期就支持自己的老粉絲，讓你悔不當初。**

錯誤 4　過度置入商業內容

至少持續分享創作內容三到六個月後再置入商業內容，兩者的比例抓在 5：1，才不會造成觀眾的反感。當然，如果創作內容能夠結合商業內容，會帶來相乘的效果。

錯誤 5　內容無法與個人品牌結合

舉例來說，我的個人品牌定位是分享實用資訊和乾貨，結果我卻時不時分享去哪裡玩、吃什麼美食，那觀眾一定會

感到困惑，覺得沒有得到期待的價值，甚至想退追蹤。讓創作內容與品牌方向一致，才能發揮最大效益。

錯誤 6　缺乏與受眾良好的互動

「阿璋，可以請問你 iPhone 隱藏功能的問題嗎？」

「我照你的方式操作結果失敗了，不知道怎麼辦。」

「請問有看到我的訊息嗎？」

當你私訊喜歡的 KOL 卻發現他不讀不回，你可能會覺得沒有受到重視，甚至想退讚、退追蹤。**有些創作者太過忙碌而忽略私訊、留言，長期下來可能失去一群支持者。**記得換位思考，適時與粉絲互動。

錯誤 7　內容缺少人味

「本文介紹五種 Instagram 經營迷思。」

「哈囉，今天阿璋要來跟你分享五種 IG 經營的迷思！」

這兩種說法，你比較喜歡哪種呢？前者是官方的制式化文字；後者比較像在跟朋友聊天，就是所謂的**「人味」**。把受眾當成自己的朋友，避免像官方帳號的公告訊息一樣制式。以下是幾種增加人味的方法：

‧文中運用「你」和「我」，較能產生朋友對話般的情境。

- 不要全部是硬性內容，適時加入一些軟性內容，例如生活的小插曲。
- 善用限時動態與觀眾問答、聊天。
- 增加一些表情符號讓文字更活潑。
- 若不害怕露臉，適時放一些自己的照片、影片，或開直播與觀眾互動。

錯誤 8　參考變成抄襲

　　創作時若有個參考對象有助於更快抓到訣竅，達到事半功倍的效果。例如看到某篇貼文的成效不錯，可以以該貼文為延伸，並闡述自己的觀點，開啟新的討論。但切記！**不要直接把他人的內容「摘要」下來變成自己的東西**，否則會從參考變成抄襲。

　　很多人分不清楚「參考」與「抄襲」，我列出幾點避免抄襲的方式：

- 與參考對象聯繫，確認可以延伸討論。
- 在自己的貼文標註參考來源。
- 蒐集多方資料，用自己的話語呈現。

　　無論是哪一種「重製」，只要未經原創者授權同意都是不行的！

錯誤 ⑨　宣導未經查證的資訊

　　疫情以來，不少人紛紛分享醫學相關資訊，但若沒有經過專家的證實，很容易變成宣傳不實內容，不僅誤導觀眾，還可能違反網路法規。經營自媒體代表你有著一定的影響力，分享任何資訊前一定要經過查證，尤其是醫學、保健主題更要特別謹慎，否則一不小心就會被放大檢視，甚至遭受輿論抨擊。

錯誤 ⑩　缺乏經營目標

　　無論長期目標或短期目標都好，一定要清楚知道自己的轉換目標，例如「每月累積一千名粉絲」「每月達到 3,000 元收入」「每週產出五篇內容」都是很好的目標。許多迷因帳號雖然擁有幾十萬粉絲，卻缺乏獲利模式而無法維持營運，非常可惜。

阿璋心法

避開錯誤是成功的捷徑。

26 要紅不一定要這樣做

　　有些網紅為了吸引更多流量和曝光，分享對時事議題的觀點，或進一步操作炒作型題材，如果順利獲得媒體轉載或引起大眾討論，就能引來一大波關注，但如果操作不當則容易被「炎上」[8]。

　　在新聞媒體不時會看到某某網紅說錯話而被網民撻伐的消息。大多情況是在網路上發表不當言論，引發大眾反感，原本想跟上話題賺一波流量，卻換來一堆負面評論，甚至引發公關危機。但，也有一群「炎上系網紅」刻意創作順應人類慾望的作品，像是消費女性、宣揚色情暴力，藉機引發網路論戰來賺取流量、知名度，以及大把的廣告收入。

　　這種方式可能會讓你成為話題人物，但要想清楚你是不是真的想靠這些方式紅？在網路上被攻擊必須承受非常大的壓力，有些人會跟你講道理，但更多的是酸民的無腦抨擊，他們甚至會攻擊你的家人好友。

如何避免被炎上？

　　一般來說，創作主題可以分為「時事內容」和「長青內

8 **炎上**：在網路上失言，產生大量負面批評的狀況。

容」。時事內容需要在最短時間內產出，並藉由媒體的轉載擴大曝光，才能在短時間獲得高流量；長青內容則沒有內容過時的問題，不容易因為時間拉長而失效，雖然難以在短時間內大量曝光，但能獲得長遠穩定的流量。

時事內容區分成「資訊型」「評論型」「娛樂型」。資訊型是蒐集並整理資料，像是最新的活動公告；評論型是針對人事物提出個人看法，像是發表對太魯閣號事件的觀點；而娛樂型就是取悅大眾，像是製作 COVID-19 的迷因哏圖。

長青內容則區分成「知識型」與「故事型」。可以持續獲得關注的內容大多具有一定的知識含量，因為各領域的知識每天都會有固定族群觀看，這也是為什麼知識型網紅會愈來愈盛行。而故事型像是紀錄片、歷史人物故事等。

如果想在短時間內爆紅就專注在時事內容，但評論型容易引來反方的批評，娛樂型內容也會因為不小心說錯話、開錯玩笑，而成為網路論戰的引爆點。此外，政治議題的內容也非常容易引發紛爭，但並不一定是針對你個人，而是針對整個政黨。

因此，**如果鎖定「時事資訊型」、「長青知識型」或「長青故事型」，同時避開政治話題，可以大大避免遭到炎上。**以我為例，我一向分享長青知識型或時事資訊型，從不觸碰政治觀點或時事評論，長期下來能吸引到一批高品質且和諧的受眾。如此一來，**既保有個人特色，也能在無形之中建立一道保護牆。**

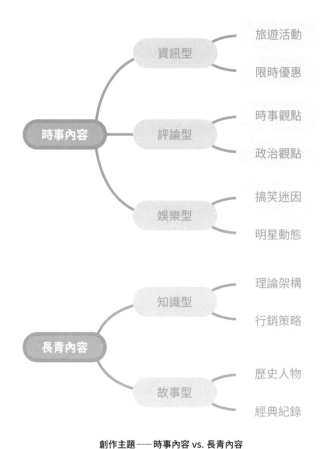

創作主題——時事內容 vs. 長青內容

阿璋心法

要紅不難，但請先想清楚你為何而紅。

27 身敗名裂的獲利模式

　　當你研究網路獲利，也可能接觸到遊走在灰色地帶的獲利模式，像是不實廣告、引誘點擊等策略，用這種方式來賺錢會遇上道德問題、法律責任，甚至被平台停權。

盜版創作

　　有些人會盜用他人的影片放到自己的 Facebook 或是 TikTok，這種狀況在中國非常盛行，俗稱「搬運」，而搬運的人叫作「搬運工」。影片在平台中通常演算法比較好，於是搬運工專找容易吸引大眾目光的冷知識、電影片段等影片內容，再放到自己的平台，藉以快速累積流量和粉絲。經營一陣子後便把平台帳號販售出去，再以同樣的方式操作更多平台。

　　這種搬運行為在初期會創造大量的流量和粉絲，但並不會為個人品牌帶來任何效益，更可能吃上著作權的官司，因此無法長期經營，只能以不同的帳號遊走於各平台。

欺騙觀眾

　　有些人想賺快錢，分享誇大不實或未經醫學證實的商

品資訊和療效。或許剛開始觀眾信任你而沒有質疑，然而一旦被發現，將會引發無法收拾的公關危機。除了招來受眾抵制，也會遭到政府開罰，有些部落客在幾年前寫的文章由於沒有修改內容而違反法規，遭到罰鍰。

內容農場

為了獲取網路流量、圖謀廣告收入，而以各種合法或非法的手段快速產生品質低劣文章的創作型態。有些人會透過網路爬蟲這種自動化程式去特定網站竊取內容，再放到自己的網站，在短時間內產生極大量的文章。Google 無法完全偵測是否有抄襲的狀況，因此這些網站有著不錯的 SEO 排名，進而獲得流量賺取廣告收入。

某個非常知名的內容農場經常占據 Google 關鍵字排行第一名，其文章多半是從中國搬運後再繁體化，由於文章數量多、流量大，賺到相當可觀的廣告收入。**然而觀眾的眼睛是雪亮的，即使這個網站流量高，大眾評價與印象卻很差，完全沒有黏著度。**如果某天被平台封鎖就完全沒有任何收入，像是一顆不定時炸彈。比起害怕炸彈哪一天爆炸，不如好好撰寫品質優良、含金量高的文章。

黑帽 SEO

SEO 是為了讓優質的內容被搜尋者優先看見。有些人為了提高搜尋引擎結果頁（SERP）排名，針對演算法操作技

術，又稱為「黑帽 SEO」（Black Hat SEO）。常見手法有：大量黑帽 SEO 網站購買外部連接，誘騙使用者點擊；在網站中安插使用者不可見（添加隱藏文字語法）的關鍵字；使用垃圾網站建立連結，企圖在短時間衝高排名。**黑帽 SEO 完全是為了迎合演算法，淨是將網站塞給使用者，而不是優化內容，使用者體驗可說是極差。**

黑帽 SEO 能快速提升網站排名，但卻罔顧讀者的閱讀需求，總有一天會被 Google 發現，並受到懲處。從健康的網站架構與使用者需求出發，才能提升使用者體驗，進而獲得良好的網站排名，也能避免被 Google 懲罰，達到加乘的效果。

惡意植入聯盟行銷連結

先前介紹過聯盟行銷的概念，其中一項技術是透過使用者的瀏覽器 Cookie 記錄聯盟行銷追蹤代碼。舉例來說，當你透過我的聯盟行銷連結進入網站，推薦碼就會儲存在你的瀏覽器中，假設 Cookie 記錄時間為一年，只要你在一年內再次進入該網站購買商品，就會追蹤到我的推薦碼，我仍然可以獲取聯盟行銷收入。

Cookie 的機制延伸出許多惡意植入聯盟行銷連結的手法。例如在文章中塞了許多與內容無關的常見購物網站連結，當觀眾一不小心點進去，推薦碼便記錄在瀏覽器中，過幾天在這個網站購物時，就會持續計算到惡意植入者的聯盟行銷佣金。一旦被發現以欺騙的方式推廣商品，可能會取消

所有佣金，並收回推廣權利。

推薦劣質商品

「這個商品也太難用了吧！」

「到底是誰推薦的啊？根本騙人吧？」

有時，收到廠商寄來的產品才發現這是劣質商品，但合約上規定要分享商品的優點而不能分享缺點，最後變成在推廣劣質商品，這是經常遇到的狀況，也有些人無法抗拒高額業配的誘惑而推薦劣質商品。

我自己有幾個推廣商品的原則：

- 親自使用過，喜歡而且覺得好用。
- 以知名品牌為優先，小眾品牌為其次。
- 分享商品的優缺點，讓觀眾自行評估。

如果觀眾購買你推薦的商品，結果發現用一下就壞，就不願意再相信你。**建立信任感很難，但摧毀信任感很快。**一定要慎選合作廠商，更要考慮觀眾的感受。當觀眾因為你的推薦而購買到優質商品，未來更容易持續追蹤與下單，長遠下來才是最好的模式。

推廣資金盤與詐騙

資金盤和詐騙在平台上頻頻出現。有時會透過機器人在

貼文底下留類似投資好康的訊息：

「老師會不定時講解股票知識幫助大家在股市中提高勝率，僅限十個名額，歡迎加 LINE。」

有時則會偽裝成廠商，私訊類似賭博遊戲推廣的案件：

「您好，請問有在接業配嗎？我們是○○○娛樂城，出入金簡單，多種遊戲一次玩盡。」

收到投資相關的推廣邀約，一定要再三確認對方能否信任，我就收到超過十種資金盤的推廣邀約。推廣這些項目很可能成為詐騙共犯，也會害到觀眾，甚至吃上詐欺等官司。

除了資金盤與詐騙以外，也有傳銷以「微商」來包裝，並在社群上大量宣傳。微商有兩種模式：

1. **微商城：**以商品為中心，類似傳統電商。
2. **代理分銷式微商：**以人為中心，基於代理級別逐級加價，引導下級批量購買商品升級代理權來獲取利益，皆以「輕鬆賺錢」為宣傳口號。

前者是「低買高賣」的獲利模式；後者偏向「多層次傳銷」。社會大眾普遍對多層次傳銷抱持著保留態度，如果收

到微商的合作邀約一定要仔細研究其中組成與細節。

阿璋心法

錯誤的獲利模式可能吃上官司，

甚至斷送自媒體生涯。

28 利基市場的迷思

　　利基市場是大眾市場中的細分市場，針對一群較狹窄的顧客，有專門性又有利潤。這個概念原是為電商、銷售而訂定，同樣適用於自媒體。

　　我認為關於利基市場可以往兩個面向思考：**你想以「人設」吸引人？還是以「內容」吸引人？**如果你屬於前者，利基市場對你就不是那麼重要，因為無論你分享什麼內容，粉絲都會買單。我自己是以實用的教學內容為主力，如果你和我一樣屬於後者，利基市場非常重要，**初期鎖定小眾族群產出內容會讓你很快竄起：**

- 容易被該族群優先看見。
- 觀眾的黏著度高、鐵粉較多。
- 成功經營個人品牌，提到○○領域就會想到你。
- 競爭沒有這麼激烈，對手沒有這麼強。
- 奠定好基礎，再攻向大市場會更容易。

　　你可以拿起紙筆，照著以下步驟尋找自己的利基市場：

步驟	範例	練習
【步驟 1】 你的興趣	· 寫程式。 · 研究科技新知。 · 玩各種 App。	
【步驟 2】 你的專長	· 寫程式。 · 快速解決問題。 · 邏輯思考。 · 讀書技巧。	
【步驟 3】 你能解決什麼問題	· WordPress 架站問題。 · 新手如何學程式。 · 電腦軟體教學。	
【步驟 4】 找出一個大主題	· WordPress 架站教學。	
【步驟 5】 列出所有小主題	· 科技 → 電腦 → 軟體教學。 · 網站 → 架站→ 部落格架設教學。 · 賺錢 → 投資 → 加密貨幣投資分享。 · 網路→自媒體→ Instagram 經營策略。	
【步驟 6】 設定理想受眾	· 18～28 歲。 · 性別不限。 · WordPress 架站新手。 · 在 WordPress 架站操作上遇到困難的人。	
【步驟 7】 研究競爭對手	· 部落格：在 Google 搜尋文章主題、關鍵字，研究排名前幾名的網站[9]和內容。 · Instagram：搜尋 Hashtag 或關鍵字，思考能否贏過競爭對手。	
【步驟 8】 提供的價值	· 解決新手在 WordPress 架站過程中的種種問題。	

[9] 如果發現競爭對手是百科全書、網路商城、新聞平台，就要謹慎思考是否要經營這個主題，因為這些平台的競爭力較高。

【步驟 9】 個人特色	· 詳細的圖文教學，一步步 帶領新手解決 WordPress 問題。
【步驟 10】 收入管道	· 軟體教學（YouTube、部落 格）：聯盟行銷、業配、廣 告等。 · 吃播（YouTube、TikTok）： 業配、廣告等。

十個步驟找出利基市場

【步驟 5】列出所有小主題

　　但話又說回來，大多數人在經營初期仍然處於摸索階段，換句話說，不要說什麼利基市場了，或許連要產出什麼樣的內容都想不到，或者無法產出那麼多的量。所以我會建議新手：**先培養創作習慣再去尋找利基市場。**想創作什麼就盡量去做，有了內容之後再去觀察哪個較順手、流量較好，我認為這也是一種尋找利基市場的方式。

　　尤其是 TikTok 和 Instagram 這兩個平台，有時比起內容，更新頻率更重要，所以不妨先嘗試「日更」，每天逼迫自己產出一則內容，慢慢找到訣竅後再依照上面的步驟鎖定利基市場。

阿璋心法

找出利基市場可以快速成長，
但培養創作習慣更為重要。

29 不要帶著空白的大腦上戰場

如果說自媒體是一場戰爭，知識就是上戰場的利器。 如果你不是網帥網美、不是演員諧星，創作知識型內容是最好的方式，但如果沒有具備一定的知識量，會發現分享十篇內容後就沒有素材可寫了，容易頻頻卡關、缺乏靈感，甚至被觀眾「糾正」。

知識是自媒體的根本。分享知識是處在輸出的狀態，但人的知識有限，必須持續學習，將更多新知輸入腦中，才能保持長期且固定的產出頻率。換句話說，**輸出的同時一定要持續輸入。** 我會運用一些方法來快速學習知識的精華，以下是我的主要管道：

書籍

書中自有黃金屋，許多作者將自己長期累積的經驗與知識分享在書中，我也不例外，把自己這些年來的創業心法和精華濃縮在這本書，**閱讀是用最低成本獲得最高知識含量的方法。** 但閱讀需花費許多時間，我會透過以下方法加速自己的學習速度：

- 聽別人整理好的說書音頻，像是樊登、好葉的服務。
- 針對當下需求尋找對應書籍，只閱讀解決問題的章節。
- 透過目次快速篩選精華，或觀看網路上的書評整理。

　　除了大量閱讀也可以參與讀書會，聽取別人的意見，每個人對於同一本書的理解都不盡相同，攝取不同面向的知識能增進更多靈感。

　　若書中有一些實作策略，就挑選可行性較高的方法，放下書本，立刻執行。我的這本書中就分享了許多經營與獲利的策略，只要你肯行動，絕對會得到意想不到的收穫。

國外平台

　　許多知識與策略都是先在國外盛行才慢慢發展到臺灣。2020 年在臺灣盛起的 Podcast 早在幾年前就在國外流行；聯盟行銷、銷售漏斗等行銷概念也是從國外傳進臺灣。

　　國外盛行寫作許久，網路上的英文文章遠比中文文章來得多，換句話說，如果你想經營英文部落格，要脫穎而出的機率非常低，因為英文搜尋的 SEO 競爭力超級高，前幾名的內容通常是精華長文。也因此，**學習任何領域的知識時，不妨將你要搜尋的關鍵字改為英文，你會發現完全大開眼界**，再搭配 Google 翻譯就能理解八、九成的知識。

　　我經常看國外平台來獲得最新最快的知識，例如：Kinsta 主機的部落格有許多含金量超高的 WordPress 知識；

wpbeginner 分享 WordPress 新手教學；WPCrafter 則提供許多外掛操作的資源。加強知識廣度的同時，也攝取其精華，並融入自己的內容中。

優質訂閱服務

訂閱服務逐漸在臺灣興盛，不論部落格文章或電子報我都會定期觀看：林育聖的電子報會分享一段溫暖的文字、于為暢的電子報會分享精選好文、PressPlay 有許多優質的訂閱內容。此外，付費加入《天下雜誌》或《商業周刊》的會員也能定期獲得最新的精華內容。

線上課程

網路上有非常多的免費知識，但要一一尋找也是費時費力，付費買線上課程是學習的捷徑。我在 2020 年總共買了二十多堂線上課程，花費超過 10 萬元，雖然是一筆不小的開銷，但我也透過知識變現賺回學費，是一種非常棒的自我投資。

我推薦的線上課程

　　無論吸收多少知識，關鍵都在於將外部知識化為個人底蘊，也就是學以致用。當我學到一個新知識、發現一項新技巧就會立刻整理成貼文，訓練自己迅速將外部的輸入轉為自己的輸出，化為自己的利器。在這個網路發達的時代，容易激發學習慾望，而透過創作可以將這些知識加以運用，這也是我特別喜歡知識型內容的原因。

阿璋心法

學習知識是人類本能，
運用知識是創作才能。

30 每天進步一點，一年後的你就會很不一樣

　　愛因斯坦說：「世界上最強大的力量不是原子彈，而是複利＋時間；複利是世界上第八大奇蹟，了解它的人可以從中獲利，不了解它的人將會付出代價。」複利的效果不論在工作、投資、自媒體或人生都很適用。我們容易低估小改善的價值。如果每天進步 1％，一年後會進步三十七倍；如果每天退步 1％，一年後就會退步到趨近於零（更多複利的效果請參考《複利效應》或《原子習慣》）。

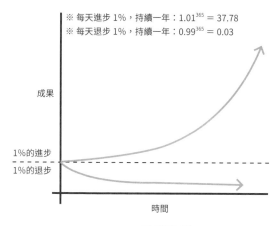

※ 每天進步 1％，持續一年：$1.01^{365} = 37.78$
※ 每天退步 1％，持續一年：$0.99^{365} = 0.03$

每天進步 1％

「阿璋，我常常沒有靈感，甚至覺得自己的東西很爛，該怎麼辦？」

老實說，我也有徬徨、怠惰的時候。尤其是寫部落格的初期，每天瘋狂產文產圖卻看不到任何成效，持續埋頭苦幹寫了兩、三個月，其中一篇文章突然排上 Google 第一名，流量才開始明顯成長。我會給自己一個「小進度」，如果一天沒辦法產出一篇文章，就分成三天寫，每天要求自己寫出三分之一的內容，建立固定產出的週期，在潛意識中習慣自己的進步。

巴菲特說：「人生就像滾雪球，你只要找到濕的雪和很長的坡道，雪球就會愈滾愈大。」意思是，只要有足夠的報酬率加上夠長的時間，獲利就會愈滾愈大。把這句話套用在自媒體則是：**只要持續產出加上內容策略，流量規模就會愈來愈大。**自媒體的複利關鍵在於產出長時間有成效的內容，這是非常重要的思維。有些人遇到持續產出很辛苦，停下來就沒有收入的困境，多半是內容策略錯誤。以下是我私藏的複利策略，希望幫助你突破困境：

複利策略 **1** 長青內容

鎖定長青內容的主題，避免因為時間拉長而失效，也就是非時事題材。時事內容只有短短幾天的保鮮期，例如一年一度的電玩展，活動資訊只會在某一小段時間特別有效，其

餘時間基本上不會有人看（新聞媒體除外）。

　　我的部落格內容大多是軟體教學、架站技巧，這就屬於長青內容，雖然沒有大量的流量，但每天都有人觀看。只要認真做一次，經由時間的累積會產生複利的成效，而且藉由長青內容吸引而來的觀眾往往是最精準的受眾。

複利策略 **2**　能持續曝光的平台

　　例如長期創作類的部落格、YouTube。反之，短期曝光類的 Facebook、Instagram，每日的黃金時間往往只有幾個小時，較難透過時間累積產生複利效果。

　　我認為部落格才是真正能夠持續曝光的平台。YouTube雖有長青的效果，但畢竟屬於 Google，必須不斷去適應演算法，當然也有倒閉的可能性。相反的，**部落格是透過 SEO 來曝光，即使 Google 不再稱霸搜尋引擎，仍會有下一個搜尋引擎出現，而你的部落格內容依然存在，並持續替你帶來複利效果。**

複利策略 **3**　內容深度與個人觀點

　　投資股票的報酬率是複利的關鍵因素，報酬率會直接影響最終的複利效果。**在自媒體的領域，報酬率就是內容深度與個人觀點，內容深度造就專業性，而個人觀點產生獨特性，專業性與獨特性是不同創作者之間的報酬率差異。**

　　投資理財的議題近年愈趨盛行，專業度不足的人只能分

享較粗淺的內容，例如名人的話語、某本書的段落，難以分析背後的原因、公司的財務報表、風險控管，因此無法擁有自己的風格與觀點。臺灣知名的財經部落客綠角和 Mr.Market 市場先生不只分享專業的內容，文章含金量也相當高，更擁有個人特色，再加上持續創作多年不間斷，經由長時間的累積產生出極大的複利效果，造就兩人的地位與知名度。

複利策略 4　系列創作

有時寫了一百篇文章，卻只有五十篇產生複利效果，持續被看見，其餘內容都被埋沒。針對這個困境，我的祕訣是「系列創作」。

我的部落格目前有兩種系列創作，分別是「站長之路」與「阿璋 - 虛擬貨幣被動式投資」，前者分享從零到一的部落格架站教學，後者則分享低風險投資虛擬貨幣的方式。「站長之路」共有十二篇文章，SEO 排名較好的只有五篇，假設我以單篇的方式寫文，有七篇文章會被埋沒。然而我採用系列創作的策略，這十二篇的內容是連貫的，有興趣的人便會從頭看到尾，換句話說就是，**透過曝光量大的文章來活化其他被埋沒的文章。**

在各平台都看得到系列創作的蹤影。知名 YouTuber Joeman 是最好的學習典範，在他的眾多系列創作中，我特別熱愛比較奢華料理與平價美食的「Joe 是要對決」，這個系列中並非每部影片都很紅，但幾個熱門影片便能帶動整個系列

的觀看量。**系列創作就像是讓一群陌生人產生羈絆，只要其中一個人發光發熱，就會成為照亮整群人的光芒，而這道光芒正是你在創作路上的指引燈。**

複利策略 5 足夠的內容量

即使你的內容再好，只要沒有足夠的量，效果仍然有限，就像是投資報酬率再高，最後獲勝的仍然是本金大的人，也就是所謂的「本多終勝」。假設你一週寫一篇內容、我一週寫三篇內容，在內容水平差不多的情況下，你得用三年才比得上我一年的數量，再加上複利效果，更是完全追不上我。

堅持很難，但在自媒體領域成功的人絕對是堅持而來的。與我同時期經營 Instagram 的創作者很多，但現在大多數人已經停止更新，甚至放棄經營。一篇文章或許只能為你帶來每個月 100 元的收入，但你寫一百篇就可以創造每個月 1 萬元的收入，內容量正是獲利的關鍵。

阿璋心法

替創作加上複利策略，
產生無窮大的未來成果。

進階

———

第 3 章

———

建立長期獲利思維

Advanced

31 寫愈多文章不代表流量愈高

「我的部落格好像沒什麼人在看……」

「為什麼在 Google 都搜尋不到我的文章？」

這是許多人常有的煩惱。部落格經營初期以內容量為主，大約產出三十篇或經營三個月後，就要運用策略來被更多人看見、吸引更多流量，並從中獲利：

增加曝光（讓觀眾看見）

⬇

增加流量（讓觀眾點擊）

⬇

增加收入（讓觀眾消費）

這是部落格的經營邏輯，而「流量」是很重要的指標。假設兩篇文章的轉換率同樣是 10%，若流量差十倍，收入就可能差十倍。在這一節，我會依據自己的實戰經驗，統整出八個提升流量的祕訣：

祕訣 **1** 優化舊文章

寫作能力會在產出的過程中持續進步，回頭看舊文章一定會發覺許多需要改善的地方，例如刪除冗言贅字、補充更完整的資訊等。除了優化內容之外，也要檢視 Google 排名：若排名在第一頁但不是前三名，代表還有上升的空間，可以提升文章的完整度來競爭第一名的位置；若完全沒有出現在排名上，可以嘗試更換關鍵字和標題。

經營部落格就像培養一支軍隊，當軍隊有足夠的人數後，最重要的不是招募新兵，而是培訓老兵、升級裝備。 適時調整舊文章會增添部落格的戰力。

祕訣 **2** 提升使用者體驗

近幾年 Google 愈來愈重視使用者體驗。使用者體驗的面向非常廣，包括網站外觀、文章架構、跳轉頁面的速度和動線、是否跳出有礙閱讀的廣告訊息等。使用者體驗愈好，觀眾停留的時間就愈久，SEO 隨之提高。你可以深入研究相關領域的學術知識，也可以像我一樣直接觀察各類型的部落格，若發現不錯的方法便立刻運用，一步步學習與改善：

- 版面簡潔，白底黑字最清楚。
- 大標、小標、內文有明顯的樣式區隔。
- 段落、行高、字距不要太擠。
- 字型、顏色和諧統一。

Advanced

- 增添圖片和影片讓內容更豐富。
- 大段落之間留白，讓讀者喘息。
- 用粗體、引號、顏色來標示重點文字。
- 添加文章目錄，有助於讀者快速瀏覽。

祕訣 3　媒體轉載、投稿

　　許多網路媒體難以光靠自己產出大量的內容，因此會開放刊登投稿或徵求轉載同意。與媒體合作轉載能夠快速增加曝光，我曾被「行銷人」轉載多篇文章，而行銷人的文章會同步到 Yahoo 奇摩新聞，Yahoo 奇摩新聞的文章又會顯示在 LINE TODAY，等於我的文章一次被三個大媒體轉載，帶來許多流量。

　　媒體轉載也有些要留意的地方，如果對方沒有更改標題和摘要，很可能會搶占你的 SEO 排名，讓你的文章變成「重複文章」而無法被 Google 收錄排名。你可以採取一些策略，例如主動投稿排名較差的文章來活化弱文章，而排名好的「寶貝文章」則保留在自己的部落格中。

祕訣 4　社群平台導流

　　社群平台雖然無法長期保留內容，但能帶來短期且大量的曝光。當你發布一則文章後，盡量將連結分享到所有社群平台，觸及各平台的觀眾。

　　除了大家常用的 Facebook 粉專和 Instagram 之外，

Facebook 社團也非常適合導流。Facebook 社團是為了一群擁有共同偏好、興趣或身分的成員而設立，尋找與你的領域相關的社團，並繁頻地回覆成員的問題，一方面提高自己的專業度，一方面也附上自己的文章連結，如果成功引發成員的討論就能創造極佳的導流效果。

祕訣 5 多平台發布

將文章同時發布到各部落格平台，像 Medium、痞客邦、探路客、方格子等，並在文末放上主力部落格連結，吸引各平台的觀眾。但要記得修改大標題、小標題、摘要，不要讓內容的重複性太高，否則可能會讓其他平台搶占你的主力部落格。當主力部落格的權重上升之後就盡量減少這樣的操作。

祕訣 6 論壇曝光

不少網路論壇的使用人數非常多，參與跟自己領域相關的論壇是增加曝光的好方法。我有時會在 Mobile01 回答樓主的問題，同時分享自己的文章。如果是遊戲相關的文章，就很適合去巴哈姆特電玩資訊站發布。

祕訣 7 留言、客座文章

留言是指在別人的部落格文章底下提出個人觀點，並放上自己的文章連結。如果有機會在大流量部落格留言，導流

效果非常好；但如果一看就是廣告或沒有價值的留言，是無法吸引任何觀眾的。

客座文章是將你的文章放在別人的部落格，通常在國外比較常見，與媒體轉載類似，都是靠大流量的平台導流到自己的部落格。

祕訣 8　投放廣告

如果上述七種祕訣都嘗試過，你仍然不滿意自己的流量，最後的手段是投放廣告，例如 Facebook 廣告、Google 廣告，直接花錢買流量。但如果你的文章沒有直接的獲利模式，例如無法帶到商品銷售頁、沒有安排聯盟行銷，這樣做並沒有實質效益，只是白白浪費廣告錢而沒有轉換效果。

阿璋心法

優化舊有內容＋多管道曝光＝流量催化劑！

32 Instagram 漲粉祕訣

Instagram 經營初期著重在固定的更新頻率、淺顯易懂的圖文創作、與粉絲之間的互動。但許多人卡在粉絲數難以提升，沒有一萬粉絲追蹤就無法使用限動上滑來導流，也會影響業配合作的機會，因此一萬粉是一項重要指標，以下是五個漲粉祕訣：

祕訣 **1** 發布頻率與時間

Instagram 的黃金時間是發文後的六小時內，這段時間若與粉絲有良好的互動，觸及會較高，擴散時間也會拉長。初期的發布頻率大概是一週兩篇，發文當日，粉絲會漲得特別多；粉絲突破兩萬後，我以「日更」的頻率發布超實用教學貼文，每天能增加三千到五千位粉絲（當時的個人數據，並非所有人適用）。然而日更不代表隨意發發，而是得維持同樣的水準。無法日更也沒關係，最重要的是維持固定的發布頻率，讓粉絲知道你什麼時候會更新貼文，也讓 Instagram 演算法知道你是忠實用戶。

而「洞察報告」中可以查看粉絲的數據，例如哪裡人、

年齡、性別、最活躍的時間等，其中最重要的是「最活躍的時間」，最高的數據就是最適合發布貼文的時機。我的粉絲最活躍的時間是十八點至二十一點（如下圖），因此我都選擇在這個時段發文。

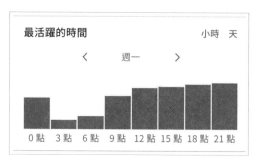

最活躍的時間

祕訣 2 　創作者串聯活動

相信你在聽歌或看 YouTuber 的影片時，應該經常看到歌名或影片標題中出現「feat. ○○○」或「ft. ○○○」這樣的用詞，意思是這部作品是邀請其他創作者客串所共同完成的，這種串聯策略也能套用在 Instagram 上。

我就曾經參加過不少這類型的串聯活動，像是「五十位創作者一起分享聖誕節主題內容」，或是「十位創作者彼此開直播」等等，因而為我帶來大量的曝光（請見右頁的數據）。不僅如此，參與這種串聯活動能藉機認識各領域的創作者，更能進一步帶動彼此的粉絲流通。

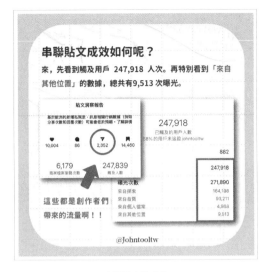

串聯貼文的成效

祕訣 **3** 操作互動型貼文

　　Instagram 貼文的重要指標是與粉絲的互動程度，像是愛心、留言、分享、收藏等。我會發布「免費字型懶人包」「免費商用插圖素材」「免費 PPT 模板」等主題的貼文，呼籲粉絲按讚、分享到自己的限動，並標記我的帳號就可以索取這些免費資源，這就是所謂的「互動型貼文」，能激發粉絲的好奇與渴望。

　　操作這類貼文時要避免粉絲標記一樣的數量（例如「＋1」）、留下相同的內容（例如「我要抽」），因為很可能會觸犯演算法忌諱的「抽獎操作」而導致觸及下降，即使留言的粉絲數再多，曝光效果都會受到侷限。

祕訣 4 回覆私訊與留言

只要是私訊都要一一回覆，即使不是商業合作訊息，甚至只是陌生訊息，也盡量不要漏掉。

「但這樣不是很累嗎？」

「一個個回覆，要花很多時間耶！」

的確很花時間，但為了與粉絲互動，我覺得很值得。千萬不要像個冷冰冰的機器人不回覆留言和私訊。

貼文剛發布時，有些粉絲喜歡「搶頭香」，這種留言一定要回覆，因為他絕對是忠實粉絲，不好好把握他，還要把握誰呢？此外，有些粉絲會認真寫下一長串的留言，這種也要認真回覆，展現你對他的重視，有機會將他轉為鐵粉。有些搞笑留言或其他創作者的留言可以設為「置頂」，讓其他人立刻看到有趣的互動，也表示你對他們的尊重與愛戴。

祕訣 5 分享爆款型貼文

我嘗試過各種貼文的呈現方式，其中有觸及率超高、可以一夕之間爆紅的貼文，我稱作「爆款型貼文」：

① 實用型貼文

無論哪個領域的主題一定有辦法製作出實用型貼文。這種貼文需要龐大且具深度的資訊量、邏輯性的整理，或屬於較少人知道的冷知識，接著搭配祕訣三，操作為互動型貼文，並在首圖大標題加入以下關鍵字：

- 不藏私、大放送、大公開、詢問度超高、超實用、超夯、超熱門、必備、必學、必追、破解、隱藏技巧⋯⋯

② 時事型貼文

由於演算法的關係，Instagram 貼文的更新速度非常快，但用戶的目光與時間有限，誰的貼文愈能吸引粉絲，觸及就會愈高。最典型的範例是搭上話題的時事型貼文。製作這種貼文必須隨時查看新聞媒體並且快速產出，才能好好「跟風」，所以長期下來非常累，如果剛好跟到最新資訊，也有充足的時間再製作即可。除了跟風也要結合自己的主題，不要為了跟風而分享與受眾完全無關的內容。

③ 懶人包貼文

懶人包在社群平台和網路媒體十分常見，誰能統整最快速、最完整的訊息，誰就贏得目光。懶人包貼文可以進一步結合上述的實用型貼文和時事型貼文，操作成**「實用資訊懶人包」**或**「時事統整懶人包」**，並加入以下關鍵字：

- 統整、整理、重點、懶人包、人氣精選⋯⋯

最後，我想分享一個觀點：有時漲粉速度快，但不見得是忠實粉絲，只是因為某篇貼文而追蹤，並不是長期關注你；有時漲粉速度慢，但都是真心與你互動的鐵粉。假設你

是個分享調酒知識的 Instagrammer，由於領域較小眾，漲粉速度慢，為了追求粉絲數而改為分享迷因題材，雖然一時之間獲得大量的粉絲，但卻導致受眾變得不精準，甚至影響未來的商業合作。

前陣子某位鐵粉跟我說：「阿璋，我覺得你的貼文品質愈來愈好，而且人設很一致，不會像○○一樣貼文慢慢變調。」他是我早期的粉絲之一，雖然我們沒有很常聊天，但他會把我所有內容都看在眼裡。如果為了追求粉絲數而偏離初衷，可能會賠上最初支持自己的一群鐵粉。

阿璋心法

不要在漲粉的過程中迷失自己的初衷。

33 流量變現

我們常聽到一句話:「有人的地方就有錢。」當藉由自媒體聚集了一群粉絲,進一步讓他們產生銷售行為才能達到流量變現,主要方式分為「銷售商品」與「銷售自己」:

流量變現 **1** 銷售商品

如果是銷售「廠商的商品」,有以下三種合作模式:

- **業配**:短期合作方式。替廠商創作一篇宣傳商品的內容,廠商提供商品(有時是廠商贈送,有時需要歸還廠商)與費用。

- **分潤**:長期合作方式。主動替廠商宣傳商品,只要銷售出去就有分潤(透過專屬連結、專屬網頁、優惠碼來追蹤成效),即使沒有銷售,廠商也無須付費,因此對於創作者和廠商都較自由。

- **團購**:折價合作方式。擔任團購主,聚集一群想購買某項

商品的人，透過大量訂單向廠商談折扣，例如團購主六折訂購價、消費者八折團購價，對於團購主、廠商、消費者來說是三贏。

類型	優點	缺點
業配	・合作機會多。 ・短期內獲得一定收入。	・一次工僅換一次收入。 ・成效不好容易被傳開，影響後續的商業合作。 ・較有產出和時間壓力。
分潤	・一次工有機會換長期收入。 ・較無產出和時間壓力。	・沒有銷售出去就沒有收入。
團購	・對創作者、廠商、消費者而言是三贏。 ・粉絲可用便宜價格購買。	・可能有進貨成本或需要囤貨。

流量變現 1- ① ── 銷售廠商的商品

如果是銷售「自己的商品」，依據商品的呈現形式可分為以下兩種：

・ **實體商品：**可以與品牌聯名推出，也可以自行開發。自行開發的流程較為繁瑣，需要團隊合作與資本投入，但與傳統創業最大的差別是你已經擁有一群忠實粉絲，因此以滿足他們的需求為首要考量，目標相對明確且風險較低。以下是基本流程：

【商品端】確認粉絲需求 ➡ 尋找廠商製作 ➡ 進行市調與測試

➡ 完成商品。

【銷售端】 思考通路和行銷（架設電商網站、提供售後服務與客服諮詢等）。

· **虛擬商品：**類型多元，有 LINE 貼圖、電子書、線上課程等，開發成本相對低，製作過程也較容易，賣的通常是你的品牌、魅力、知識、創意。

類型	優點	缺點
實體 （聯名推出）	· 獲得聯名品牌的流量。 · 省下自行開發的成本。	· 利潤最低。 · 若發生問題，可能會被聯名品牌切割。
實體 （自行開發）	· 利潤中等。 · 有開發的自主權。 · 最能輔助個人品牌。	· 製作流程繁瑣。
虛擬	· 利潤最高。 · 有開發的自主權。 · 商品類型多元。 · 製作流程容易。	· 比起實體商品較無法留下品牌印象。

流量變現 1- ② ── 銷售自己的商品

流量變現 **2** 銷售自己

　　除了銷售商品也可以銷售「自己」。例如：依據你的自媒體領域與粉絲需求，推出專業諮詢服務；舉辦付費講座或工作坊，分享你的專業知識或自媒體經營過程；與企業主簽約，為員工提供企業內訓課程等。

類型	優點	缺點
諮詢	・時薪較高。 ・深入了解人，獲得信任感。	・需要客製化，時間利用度低，難以一次工重複利用。
付費講座或工作坊	・可一對多，時間利用度高，一次工重複利用。 ・獲得專業講師的頭銜。 ・累積現場照片作為見證。	・可能受疫情影響。 ・需湊滿一定的開課人數。 ・負擔場地和人力成本。
企業內訓	・獲利最高。 ・認識企業端人脈。 ・不用煩惱招生或場地問題。	・可能會被企業當作免費顧問（顧問費高於講師費）。 ・講課內容受限。 ・一次簽約大量時間。

流量變現 2──銷售自己

流量變現的關鍵是了解流量來源的需求和痛點。無論你選擇銷售的是實體商品、虛擬商品，或是你自己，重點都在於能否掌握粉絲的需求，並且讓他們買單。如果一時找不到靈感，可以根據粉絲經常詢問的問題來發掘需求。舉例來說：我常被問到 WordPress 架站問題，所以推出線上課程；我常被問到 Instagram 經營問題，所以也提供付費諮詢服務、舉辦講座。

除了「被動蒐集」粉絲的問題之外，你也可以「主動出擊」，例如設計問答互動：「你喜歡看我推薦什麼樣的商品？」然後再去尋找相對應的廠商洽談。這聽起來或許很荒謬，但許多 KOL 跟我分享粉絲通常會給出最直白的回應：「我喜歡你推薦的香水。」從粉絲端思考，成交率更佳。有時，**最真誠的溝通能達到最好的成效**。

阿璋心法

學會流量變現才能長久經營。

34　化主動收入為被動收入

　　前面提到的許多變現模式大多屬於主動收入，也就是如果沒有花費時間和心力持續產出、持續與廠商洽談，就完全沒有收入，我認為這樣的獲利模式無法長久，所以需要透過一些策略，**讓主動收入轉為被動收入，建立「長期獲利思維」。**

策略 1　擔任媒合者

　　將你的案件轉介給同行或團隊成員，並將大部分獲利讓給他們，自己只抽取一小部分的轉介佣金，因此關鍵是學會**「讓利」**。以協助客戶架設網站為例，這項工作可分為擔任客戶溝通的「專案經理」（Program Manager, PM）、「工程師」或「設計師」，以及「媒合者」等角色，依據各角色的時間成本或重要程度分配利潤：

- 專案經理 30%、工程師 60%、媒合者 10%。
- 專案經理 20%、設計師 30%、工程師 40%、媒合者 10%。

我自己則採取更簡單的方式，負責幫客戶尋找網站設計工作室，同時幫網站設計工作室介紹案件，也就是擔任雙方的媒合者，但不參與兩者之間的溝通，抽取 5％～10％的利潤。**當有了固定的客源與長期配合的工作室，就可以進一步將媒合者的工作交給助理或外包人員來執行**，雖然獲利會較低，但也不失為一種長期且穩定的被動收入。

策略 **2**　投資人才 ① ── 尋找兼職外包

如果你是一人公司，最好的策略是尋找兼職外包人員，舉凡美編、剪輯師、攝影師、寫手、編輯等，採用「以案計費」的方式分配工作。優點是無須固定負擔正職人員的開銷，能更靈活地規畫經營策略。

我尋找外包人員的重點不是技巧愈熟練愈好，而是學習能力強的新手。熟練的接案人員有時有自己的工作習慣，合作時難以快速改變成你希望的模式，而且費用較高。與學習能力強的新手合作，只要將工作項目 SOP 化，往往能快速達到你的需求。

當然外包也有不少缺點，例如約束力低，建議簽訂合約以保障雙方權益。此外，外包人員的流動率高，需要經常尋找新血並花時間培養默契。

策略 **3**　投資人才 ② ── 組織正職團隊

你必須從個人創作者切換為公司經營者，並負擔許多成

本，可能要開一間公司、租一個辦公室。正職員工比外包人員穩定，要提供優渥的薪資與福利來留住人才。

不少 YouTuber 經營到一定規模後會組織正職團隊，將拍攝、剪輯、製圖、企畫、公關等工作分配給員工，自己則擔任拍片主角和最終決策人。畢竟要擴大事業就得產出更多的作品，同時提高作品的深度與精緻程度，這就不再是一個人可以完成的任務，而是需要細膩的分工合作。

策略 4　自動化經營

善用軟體的功能來取代人工的時間，是我最喜歡的策略。比方說：Email 行銷工具 ConvertKit 可以自動蒐集電郵名單、發布系列內容；串聯工具 Zapier 可以將內容同步發送到多個平台，自動統整多元數據與其他行銷工具；聊天機器人 Chatisfy 可以設計自動化服務流程，快速歸納粉絲的需求……這些自動化工具二十四小時全年無休替你工作，能為你省去許多時間。

也有創作者將部落格內容 SOP 化，用程式快速產生文章架構，每天發布超過十篇文章。只要你能歸納出瑣碎且重複性高的工作，就可以尋找相關工具和程式來自動化經營。

策略 5　大量複製

有時候，最好的策略不一定是擴大，而是**「平行化複製」**。比方說，你經營的部落格每個月能持續創造 2 萬元的

收入，若發現要追求更高的獲利有困難，可以改為經營第二、第三個部落格，換句話說，**每個部落格的上升期趨向平穩就開始經營新的部落格。**

　　掌握了經營技巧與獲利模式後就大量複製，讓原本的策略持續發揮效用。以 Facebook 廣告為例，當你成功讓一支廣告的轉換獲利大於投入成本，就持續使用這支廣告直到無效為止，不一定非得優化原有廣告，一方面優化成本高，一方面優化後也難保會有更好的成效，那麼倒不如將這筆費用運用在其他面向的廣告。

策略 6　多元投資

　　投資方法有很多種，像是股票、基金、債券、房地產等，各有不同的回報與風險。最適合新手入門的是 ETF，例如美股的 S&P500 與臺股的 0050，買下一籃子的股票，跟隨市場的波動，長年結果顯示整體經濟都是持續成長，股價也是隨之升高，屬於有效的投資策略。

　　除了 ETF 以外，我投資美股，買進喜歡的公司股票，透過長期持有來獲得股價差與股息；我投資房地產，參與一項「共生住宅」[10] 的股份，透過租金收入來獲得回報；我也投資加密貨幣，借錢給槓桿投資者來獲得放貸收益，並透過交易機器人從中套利。

**　　不管是自媒體還是投資，我都選擇多元化經營，分散多**

---

[10] **共生住宅**：結合私人空間與共享設施，讓室友們生活和社交。

個平台、分散多個投資標的，目的是降低風險，雖然不能將成效最大化，但我不會輕易失敗，這就是我的「多元獲利模式」最核心的思維與價值。

阿璋心法

掌握長期獲利思維，

將主動收入轉為被動收入。

35 [投資人才] 把時間專注在擅長的事

《一人公司》是一本我近期很喜歡的書，裡面提到：「成長並非永遠是最有利的，要求更多，往往代表著更加複雜、更多責任，通常也產生更多費用。」我也以一人公司的形式經營自己的事業，透過系統或策略增加營收、維持穩定開銷、不隨意增加團隊成員，而目前的運作模式已經滿足我的生活所需，因此不急於擴大。

然而自媒體當中有很多我不擅長的項目，花費大量時間卻做不出好成果，所以我會尋找專業人員協助。我不擅長設計，因此將 Instagram 的圖片外包給設計師，請他提供精美的圖片和影音；我不擅長剪片，因此將影片外包給剪輯師，請他提供絢麗的動畫和轉場。透過投資人才，我省下非常多的時間思考更重要的策略。

外包 vs. 正職

尋找團隊成員之前，要先清楚掌握事業的經營流程，接著從中分析是否有需要專業人員協助的工作，這些需求正是團隊成員的樣貌，也是必須付出的成本，有了增加成員的必

要再釐清該鎖定外包或正職。我會建議：**先尋找外包人員，在合作的過程中檢視是否有聘請正職的需求，才不會貿然增加營運成本。**

外包和正職各有優缺點。聘請正職人員需要成立公司、處理勞健保、支付固定薪水；聘請外包人員則比較彈性，通常以案計費，也不一定要成立公司。

兩種人才的尋找管道也有所不同：正職可以到求職網站發布需求；外包則可到 Facebook 接發案社團尋找，也可以請親朋好友介紹。另外還有一個管道：**直接發布徵才需求在你的社群平台，因為粉絲已經了解你的內容與風格，彼此的磨合期會更短。**

薪資與合約

按照市場行情，給予合理的薪水才可能請到優秀的人才，同時也要對每項支出精打細算，才有辦法長期營運，進而留住好人才。

不論聘請正職人員或外包人員都應該要有「試用期」，在這段期間評估對方能否帶來超越薪水的價值。例如請一個剪輯師，要觀察產出是不是因此增加、獲利有沒有隨之提升。**若短期內沒有看到立即的效果，則要計算後續的長尾獲利是否值得投資**。舉例來說，以 4 萬元的月薪聘請一位剪輯師，平均每個月卻只帶來 2 萬元的獲利，這樣的投資就短期來看雖然是負債，但卻為你省下大把的時間用來持續產出好

作品，後續所帶來的效益可能超過 4 萬元，甚至帶來更大的回報。

　　另外，與外包人員接洽時盡量使用信件溝通並簽訂合約。合約一定要謹慎處理，包括交付日、付款方式、違約處理等細項，有些接案糾紛往往是因為當初沒有制定合約，造成雙方認知的落差。

溝通技巧

　　沒有人想在負面的環境工作，因此要與成員保持正向的溝通。當對方做錯事，先稱讚他的優點，再來討論需要改進的缺點，避免惡言相向。假設我合作的設計師有疏漏，我會對他說：

　　「我覺得你之前都做得很好，這次可能不小心，下次再多留意一點，我沒檢查到所以我也有責任。」

　　另外，業績獎金也是一種很好的鼓勵方式，像聯盟行銷、廣告都有長尾效應，可以依據成果增加業績獎金。比如說，影片超過十萬次觀看，剪輯師與攝影師各得到獎金 1,000 元；文章日流量超過一千次，編輯與寫手也各獲得獎金 2,000 元。**成效鼓勵機制會讓整個團隊更積極正向。**留住人才比一直招人更重要，一個好的團隊通常很少在徵人，因為員工願意一直留下。

阿璋心法

評估成本 ➡ 擴大經營；

找出需求 ➡ 徵求人才；

一人公司 ➡ 組織團隊。

36 [自動化經營]
善用工具，跟時間做好朋友

經營自媒體要做的事情非常繁雜，要規畫主題、撰寫文案、製作圖片或影片、發布貼文、粉絲互動、廠商溝通等，時間管理是一項非常重要的能力，**你得為自己的時間負責，掌控時間才能掌控金錢。**我自己會善用各種工具來安排行程、節省時間。

Google 日曆

此生不能缺少的工具非 Google 日曆莫屬。我會將所有事情記錄在上面，並用顏色分類，比如紅色代表緊急任務、藍色代表廠商事項、灰色代表個人行程。設定好後 Google 會提前通知，也能快速查看自己的空檔。

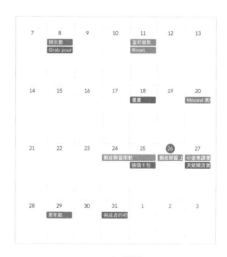

Google 日曆

iPhone 備忘錄

iPhone 內建的備忘錄和 Google Keep 都是我的愛用工具，可以快速記錄、反覆確認。

特別是 iPhone 備忘錄非常實用，搭高鐵時我會用它來整理資料，比如建立勾選清單來確認與廠商洽談的事項，防止自己遺漏。

Notion

Notion 是一款超好用的筆記軟體，可以記錄年度、季度、每月、每週、每日目標，並將所有大目標拆解成小目標，讓我得以保持專注力在最重要的事情上，不會輕易被瑣事耽誤。

Notion

排程發布工具

　　部落格可以排定文章的上線時間、Facebook 與 Instagram 可以透過創作者工作坊安排貼文的發布時間，YouTube 也可以使用工作室預先設定上映時間。還有其他行銷工具，例如 Buffer 可以將同個內容發布在多個平台、Zapier 可以設定不同平台間的串聯觸發事件等。善用這些工具能省去非常多的重複動作。

預設訊息與聊天機器人

　　發布貼文後會遇到許多粉絲重複詢問一樣的問題，你可以將欲回覆的訊息加到「預設訊息」，就能快速回傳給對方。如果沒有預設訊息的功能，可以將回覆的訊息整理在備忘錄中，就不用一直重複回應。

　　也可以運用聊天機器人，將常見問題設定關鍵字自動回覆，或提供聊天預設訊息來釐清問題：

　　　　粉絲：阿璋，可以問你一個問題嗎？

　　機器人：請問您想洽談哪些方面的事情？

　　　　　　── WordPress 架站服務／諮詢服務／貼文疑問／其他問題。

　　　　粉絲：其他問題。

　　機器人：請詳細描述您的問題發生狀況，可以搭配截圖或錄影補充細節。

> **粉絲：**我看完你的文章，照著操作卻失敗了，截圖是我失敗的狀況。

透過機器人的預設條件可以讓粉絲進入不同的情境，降低來回溝通的時間成本，並快速釐清問題點。當然有時會有一些未思考到的狀況，後續再設定完整即可。

專注力 App

工作時你也會忍不住滑手機嗎？我也是，所以我會透過 Flora 與番茄鐘這兩款 App 來提高專注力。

除了介紹好用工具之外，我想再分享一些心法：

- **一氣呵成：**人的專注力有限，比起同時間做多件事情卻沒有一項做得完，不如選擇一次做完一件事情。正在寫文章，就花一個下午將文章寫完，不做其他事情；正在寫書，就給自己一個月的時間，每天寫三千字的內容，不要安排其他需要花費太多時間的工作。

- **每天三件事：**大腦持續運作的時間有限，我每天只替自己規畫三件事，完成後想休息就休息。不要以為「一天只做三件事」很少，試了就知道，如果在一天內安排太多事情，往往只做完一件，其他時間都被瑣碎的事情浪費掉。

假使你覺得「一早做完三件事後，剩下的時間不知如何運用，好像很浪費時間？」的話，可以檢視每日計畫是否正朝著目標前進，如果有就好好運動、娛樂、放鬆；如果沒有，重新調整每日計畫，繼續完成每週每月的目標。

- **善用零碎時間**：我一直覺得，**「沒時間」是一種逃避的藉口**。我會犧牲晚上看電視的時間來蒐集資料、犧牲與朋友出遊的時間來寫文章、利用交通時間聽 Podcast 學習新知。這些零碎時間累積起來的成果非常可觀，如果無法好好運用，代表你還停留在想像而不是行動。

- **給自己獎勵**：我每天做完三件事就會約會或看劇、完成年度目標就出國自由行。給自己階段性的獎勵，能讓計畫執行得更有目標、更有動力。

阿璋心法

每個人的時間都一樣，
但節省小時間會讓你很不一樣。

37

[多元投資 ①]
美股：穩定的複利策略

　　如果你賺到人生第一桶金，會如何規畫這筆錢的運用呢？我透過自媒體賺到第一桶金後，首先規畫了一筆一年生活費的緊急預備金，接著將剩下的資金拿去投資。

　　那麼說到投資，你的腦中除了銀行定存之外還有其他選項嗎？處在通貨膨脹超迅速的時代，銀行定存利率根本比不上通膨指數，這代表什麼意思呢？現在 100 元可以買十包衛生紙，但如果將這 100 元放在銀行，十年後可能只夠買八包，換句話說，**錢只會「愈存愈少」。**

　　「阿璋，可是錢不存銀行，還能放哪呢？」

　　「你可以放在企業、股票、債券、房地產等投資標的。」

　　如果你很少接觸投資領域，這一節對你來說會很陌生，所以我想稍微解釋一下基本概念。

　　股票是買進一間公司的股份，公司會依照股份比例分配資產。例如我買進星巴克的股票就會成為星巴克的股東，相當於日後購買咖啡，有一小部分的盈餘會分配到自己手上。

　　債券是一種借據，發行者會向擁有者持續支付利息，到期時一次還清所有本金，就像是我借錢給公司，公司持續付

我利息，風險是公司還不出錢。向愈安全的機構購買債券，風險愈低，但利率也愈低；反之，向高風險的機構購買債券，利率就非常高。海外的債券市場發達，在臺灣較不容易買到，所以建議在美國券商開戶或購買債券 ETF。

我的美股投資策略

我選擇投資美股而不是臺股，有以下幾個原因：

- 美國股市相當於全球市場，全球資金大多流入美國，所以要去「主戰場」投資。
- 臺股市值較小，容易有大戶操控的狀況。
- 美股可以投資我日常接觸的公司，像是蘋果、微軟、星巴克、麥當勞等。
- 我的收入來源大多是美元，投資美股更方便。
- 臺股產業以科技股與金融股居多；美股的選擇性多，包含民生、服務、醫療、能源等。
- 美股可以買到產業龍頭股，臺股只能買到概念股，像台積電即被視為蘋果概念股。

美股開戶非常簡單，我目前使用的美股券商是 TD Ameritrade，只要線上填寫資料、等待驗證通過就可以購買美股，資金則是以電匯匯入美元，不需要親自到美國。

投資初期，我採取「穩健型」策略，投資 ETF。ETF 全

名是股票指數型基金（Exchange Traded Funds），意思是追蹤指數飆線的共同基金，最常聽到的是 S&P500 指數，也就是追蹤美國的五百家大型企業。而我的策略是 70％股票 ETF ＋ 30％債券 ETF，標的是 VOO 與 BND。

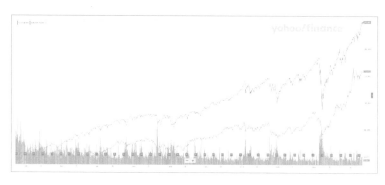

2011 年至今，美股大盤成長 250.8%，臺股大盤成長 159.12%

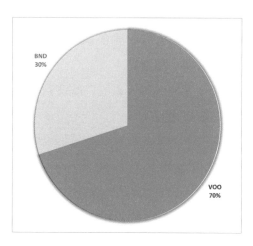

初期資產分配比例為股債 7：3，標的可自行替換

投資 ETF 相當於跟著美國市場走，就長期統計來看，只要定期定額就能有年化 7%～10% 的報酬。長時間穩定投入加上等待時間的複利，最終都能累積一筆可觀的資金，這是我推薦給新手投資美股的最好策略。

隨著 ETF 的投資經驗增加，我對美國市場愈來愈熟悉，想進一步提高報酬率，因此分配 30% 的比例在單一股票的投資。我的策略是，**買進自己喜歡的公司並長期持有，也就是所謂的「價值投資」，看重的不是目前的股票價格，而是這間公司未來持續成長的潛力。**同時保持分散風險的策略：分散公司類別，包含科技股、生活股、航空運輸股、金融股等；分散同類別持股，例如科技股不要只買一檔，而是至少持有三檔以上。也要訓練自己從 S&P500 裡的公司中發掘更具有成長潛力、績效超越大盤指數的公司。

我從 2019 年 10 月開始投資，到寫書的當下經歷了一年半的時間，總投資報酬率為 34.7%，平均年化報酬率約 23%。雖說投資時間沒有很長，但也累積了足夠的信心讓我持續下去，更從中學到許多道理：

- 投資股票是購買一間公司的成長，並不是單純的零和遊戲（Zero-sum Game）。
- 對於多數人來說，定期定額購買大盤指數 ETF 是最好的策略。
- 一定要分散風險，寧可錯過一夜爆富的機會，也不要把雞

蛋放在同一個籃子。

· **真正可以長期投資的策略是，大跌時也能安穩休息，不至於恐慌認賠。**

· 存夠緊急預備金才能開始投資，否則可能因為急需用錢，最終虧損出場。

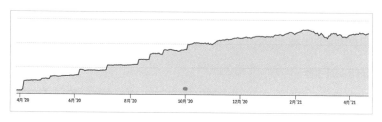

近一年的美股資產變化

阿璋心法

尋找穩定的長期投資策略，

擴大資產以對抗通膨。

38

[多元投資 ②]
加密貨幣：未來的金錢寶地

自從特斯拉購入比特幣，並接受比特幣付款後，許多知名公司紛紛投入，像是 MicroStrategy、Square，就連 PayPal、Visa 等金融機構也開始接受比特幣，這讓比特幣從 2017 年年底爆跌中再次復甦。比特幣是一種加密貨幣，但加密貨幣不是只有比特幣，光是登錄在加密貨幣市場資訊網站 CoinMarketCap 的幣種就高達九千多種，而比特幣是最早出現，也是市值最大的加密貨幣。

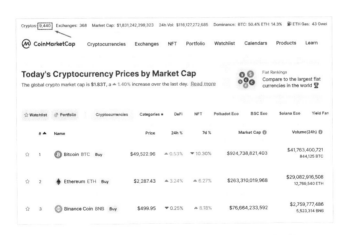

截至 2021 年 4 月 25 日，登錄在 CoinMarketCap 的加密貨幣

　　加密貨幣是可以拿來當作交易媒介的數字貨幣，能購買商品和服務，並具有強大的加密功能，保護在線交易。許多團隊會發行自己的加密貨幣，通常稱為代幣（Token），可使用於團隊的相關商品或服務，就像是遊樂場的代幣或賭場的籌碼，用戶將實際法幣（新臺幣、美元）兌換為加密貨幣，才能在市場上購買商品和服務。

　　這些不受管制的貨幣，大部分利益是「投機取向」，市場上的交易者有時會將價格抬高，以達成獲利了結的目標，也因此加密貨幣市場相較其他金融市場較為震盪。

　　或許也因此，每次我與親朋好友聊到比特幣，通常會聽到以下幾句話：

　　「你買比特幣賺了多少？」

　　「之後一定會賠掉，比特幣只是騙局啦！」

　　只相信傳統金融的人無法接受比特幣，認為它過於新穎，而比特幣的價值的確是用錢堆出來的，並不像是一間企業本身具有獲利能力，反而成為許多人洗錢的管道。但，我願意投資比特幣的原因是：

- 當全世界開始討論比特幣，就可能成為全球流通的貨幣。
- 加密貨幣解決了法幣之間轉換的速度與手續費問題。海外電匯通常需要三天，比特幣轉帳只要幾小時，許多加密貨幣轉帳甚至只要幾分鐘，而且無須手續費。
- 美國許多知名企業購入比特幣，金融機構也開始採用，甚

至推出加密貨幣 Visa 簽帳卡。

- 各國政府開始控管加密貨幣,並列入所得稅,代表政府也承認加密貨幣。

- 許多加密貨幣都有實質的應用,協助金融科技的發展,而比特幣正是共通的龍頭。

我認為,**比特幣是未來金錢流動的集中地,這正是它的價值,長期來看趨勢是向上發展。**雖然風險相較傳統金融來得高,但這也是我能承擔的風險。**要不要投資比特幣,取決於你對它的信任程度與個人的風險承擔能力。**

投資加密貨幣原來有這麼多種方式

加密貨幣有非常多的應用層面,也因此產生各種投資方法,我列出常見的幾種:

- **定期定額:**如果看好比特幣長期上漲的趨勢,最多人使用的是固定一個週期投入相同的本金,例如每週買入 100 元的比特幣,慢慢增加本金,也無須擔心短期的市場波動、必須頻繁看盤等操作。

- **買入持有:**直接花一大筆錢買入比特幣,這類操作稱為 HOLD,也是美國企業採取的策略,買入後並不會賣出,因為比特幣總量是固定的,未來會愈來愈珍貴。

Advanced

- **買低賣高：**與大多數人操作股票的方式相同，逢低買入、高點賣出，但最怕的是買入後下跌套牢，賣出後上漲而錯過最大利潤，因為幣價非常難預測。

- **挖礦：**購買礦機或顯卡，透過礦機算力挖出加密貨幣，在前期部署的階段要找好託管商放礦機，並將電費、營運費、礦機成本算進去，通常需要耗時數年才能回本，較不適合小資族。

- **尋找黑馬：**加密貨幣有非常多種，除了最大的比特幣之外還有第二大的以太幣（ETH）、交易所推出的平台幣（BNB、FTT、HT），以及各種應用的小幣，如果找到黑馬，獲利可能是上百倍，但風險也隨之增加。

- **放貸：**將美元租借給玩槓桿合約交易的人，每天定時收取利息。

此外還有期現套利、網格交易、基差套利、流動性挖礦等，屬於比較進階的交易方式，如果沒有全面了解，千萬不要貿然投入。

我的加密貨幣投資策略

我在 2017 年接觸加密貨幣，並用自己的電腦挖礦，當

時沒有專業設備，無法挖比特幣，改為選擇一些新興幣種，然而最後不是交易賠光就是交易所倒閉，因此我曾對幣圈深感害怕。

直到 2020 年年底，我發現幣圈推出不少交易工具，也有許多操作策略，不像過去資源較少。深入了解這些新方法後，我找出幾種風險較低的投資策略，包含放貸、期現套利、網格天地單、定期定額；不進行高風險的槓桿合約交易，而是保持多元標的、分散風險、資產配置、分批進場等策略。

與此同時，為了將我所學到的知識與領悟的實戰技巧進一步分享出去，我在部落格撰寫了一系列的教學文章「阿璋 - 虛擬貨幣被動式投資」，並且開設了同名的免費 LINE 社群，建立一個共同學習的環境，就是希望大家能一起交流與獲利。

這樣的低風險投資策略年化報酬率大約 10%～30%，對其他幣圈交易者來說投報率非常低，但比起傳統金融卻高出不少，而且省下很多手續費。如果你信任比特幣和加密貨幣市場，也有一定的風險承擔能力，可以將加密貨幣列為投資標的。

破解投資高風險的因素

最後，我想破除一個常見迷思，許多人認為加密貨幣動輒數 10%的浮動，波動太大，但真正造成高風險的往往是個

人因素：

高風險行為	低風險策略
· 開一百倍的槓桿合約，以為是在交易，其實是在賭博。	· 以現貨為主，實際買入加密貨幣持有或交易。
· 選擇不知名的交易所，遇上詐騙或被駭。	· 選擇市值最大的交易所。
· 為了拚百倍利潤，購買沒人聽過的幣種。	· 將主力放在比特幣。
· 沒有規畫資金運用，導致影響生活開銷，必須認賠賣出。	· 投資資金要有「即使賠光了也沒關係」的餘裕，不能影響到生活。
· 沒有分散風險。	· 分批進出場、分散交易所、分配多元投資。

加密貨幣的風險分析

如果想學習更多低風險投資的策略，可以加入我的免費 LINE 社群：

阿璋—虛擬貨幣被動式投資

投資看似是與自媒體完全無關的領域，其實兩者相互呼應，**許多投資觀念都能套用在自媒體，例如分散風險、緊急狀況理性應對、設定目標等**。即使你目前沒有投資的打算，

然而學習投資知識並運用在自媒體上，會讓你經營得更有策略。而如果你能透過投資增加收入，並將投資收入用來升級設備、聘請人才等，便能使自媒體事業進而擴大與成長。無論如何，非常建議你多多接觸投資領域！

阿璋心法

加密貨幣不再只是投機工具，
而是全球的金錢趨勢。

Scale

擴大

———

第 **4** 章

———

事業規模化

39

停止更新的後果

　　許多與我同期經營部落格的站長、經營 Instagram 的創作者都已經「停更」了，那麼他們的內容現在變成怎樣了呢？以部落格、YouTube 來說，由於內容有 SEO 的長尾效應，仍然持續有人觀看；至於 Facebook、Instagram 的話，由於內容只有短期曝光的效果，停止更新之後現在可說是乏人問津。

　　有些人停止更新是因為流量與獲利穩定後轉為經營新的平台；有些人是因為沒有靈感，不知道該產出什麼內容；有些人則是因為經營沒有起色，無法繼續負擔營運成本。**自媒體不像投資一樣會愈滾愈大，當你停止更新，不是持平就是衰退──流量下滑、粉絲退追、獲利降低。**

　　「阿璋，可是一直生內容好累啊……請問當一個創作者，有沒有結束的一天呢？」

　　不少人會問我這個問題，我認為端看從什麼角度出發。你可以將自己視為一個商人，創作像是尋找貨源的過程，粉絲是購買商品的客人，自媒體則是你的生財工具，當你賺到

足夠的錢就可以把商店關掉，開始過退休生活。若是如此，當你退休的那天就是創作結束的日子。

但如果你真心喜愛創作，一旦擔任創作者就不會有終止的一天。世界會變、科技會進步、知識會突破，過去的作品都會成為未來創作的基石。**一個能走得長遠的創作者，會了解創作的本質是「提供價值、幫助社會」，而金錢只是價值所帶來的附加品。**

我剛開始寫部落格主要是分享自己的所學，寫著寫著便陸陸續續收到許多回饋：

「本來完全不知道怎麼架設網站，看了阿璋的操作就學會了！」

「內容詳細又實用，大推。」

這些反饋和鼓勵讓我更熱愛創作。對我來說，創作是持續不斷的過程，而我永遠不會替自己喜愛的事情劃上休止符。為了金錢，你可能想趕快結束；**為了助人，你肯定永遠不想結束。**這件事情沒有對錯，只要遵循自己的初衷就好。

「可是阿璋，遇到低潮期該怎麼辦？」

創作過程中最怕遇到沒有動力、沒有起色。有些人經營得很成功，但發現創作起來不再快樂，因而陷入低潮；有些人熱愛創作，但經營成效不佳，沒有人看到自己的作品。

會有這些狀況，可能是因為長期工作無法放鬆、壓力

太大而使腦袋無法靈活運轉，我會建議先讓自己放個假，好好休息，完全拋開社群，甚至丟下手機、奔向大自然。休息足夠後好好思考自己的初衷。如果是為了幫助別人，就該思考是否太過於追求流量，使得初衷改變、本末倒置；如果是為了賺錢，就該把創作當成工作，設定好每日目標，持續前進，獲利才是最重要的動力。

「阿璋，我照你的方式做了，但創作還是沒有起色該怎麼辦？」

我會建議嘗試付費諮詢，有時自己花了一年才尋找到答案，不如過來人的一語道破，正所謂「當局者迷，旁觀者清」。也可以設定停損點，到達停損點後果斷放棄，比起努力掙扎，不如重新開始。

我也曾有過一段低潮期，完全不想更新貼文。好好休息過後，我才發現是因為長期獨自打拚、沒有與人交流新想法，也沒有人督促我的每日進度，導致計畫一再延宕。後來，我加入「小金魚的人生實驗室」的「日更團 Day Day Up」，板主小金魚聚集許多充滿熱情的成員，彼此每日督促，看見其他人的努力也讓我重新找回動力。

阿璋心法

停止更新前找回初衷，
創作是一條無止境的道路。

40 規畫系列代表作

　　當自媒體經營到一個階段會發現上升期開始趨向平穩，雖然流量和獲利皆維持穩定，但很難再繼續往上成長，這種時候容易遇到瓶頸，甚至產生倦怠感，因此需要規畫一些策略，其中一項是，**製作「系列代表作」，也就是不僅止於單純的創作，還要增強個人品牌與知名度。**

　　2020 年年初，我製作了一系列的教學文章「站長之路」，教新手如何從零到一透過部落格賺錢，總共十二篇文章。看過這系列的讀者紛紛與我分享心得，最常收到的回饋是「價值乾貨滿滿、不用花大錢去上課」。隨後，我在 2021 年年初又製作了另一系列的教學文章「阿璋 - 虛擬貨幣被動式投資」，教大家如何透過低風險的被動式投資，創造長期穩定的獲利模式。我收到最多的評價一樣是「乾貨滿滿、開始賺錢」。與此同時，我也創立相關主題的 Facebook 公開社團與 LINE 社群，將文章與社群相互搭配。

　　系列代表作與一般創作的不同之處在於：

· 能提供完整扎實的內容。

- 加強觀眾對你的印象感。
- 讓創作內容擴散力更強。
- 成為該系列領域的專家。
- 觀眾更容易分享給朋友。

　　系列代表作會讓觀眾不只看一篇文章，而是看十篇以上，甚至看完一整套的系列文，因此能大幅加深對你的個人品牌的印象。由於內容匯集了完整的知識和經驗，其精實程度就像是將付費內容「免費化」，特別能增強觀眾的好感。我的每項代表作主旨都是「乾貨滿滿、無私分享」，與我不吝分享的形象相呼應，因而增強了我的個人品牌。

　　另外，出書也是一種代表作的呈現方式。透過寫書的過程梳理過去的經歷，用更有邏輯的方式分享給更多人。**出書並不是為了賺取版稅，而是達到一項人生里程碑，當然更是一種最強大的名片。**許多自媒體創作者經營到一個階段就會透過出書，替自己的生涯留下精采的片段。

 阿璋心法

不要輕易為自己劃上句點，
而是增添更多逗點與驚嘆號！

41　透過口碑行銷擴散品牌價值

　　前陣子我參加 BNI[11] 人脈聚會時，聽到國際級畫師 K 大（Krenz）的演講，主題是「線下 SEO 的操作」，簡單來說就是**「口碑行銷」**，短短二十分鐘的分享讓我感受到強大的震撼。

　　在過去，口碑行銷是經營品牌的重點，但隨著網路發達，許多品牌的行銷策略只剩下線上 SEO，而忽略了人與人之間的口碑。個人品牌也是，當達到一定的網路聲量就要規畫實體活動，例如演講、聚會、讀書會等，面對面的親切感絕對比線上高出許多，而願意到場的就是最忠實的粉絲，你也能從中更了解受眾樣貌、增加更多鐵粉。

線上線下整合策略

　　線上與線下的經營並沒有一定的先後順序，可以在經營過程中互相穿插、搭配，舉例來說：在社群平台上提供演講資訊、在演講中蒐集 Email 名單、在電郵行銷中公告讀書會消息。

　　請參考下頁的流程：

---

[11] **BNI**：全名為 Business Network International，中文叫臺灣商界人脈，目前全臺各地都有分會。

【線上】經營社群、分享講座資訊

⬇

【線下】舉辦演講、蒐集 Email 名單

⬇

【線上】電郵行銷、分享讀書會資訊

⬇

【線下】舉辦讀書會

抓出三個關鍵字

　　線下 SEO 與線上 SEO 的共同點是找出「關鍵字」。思考你的商品或服務有什麼關鍵字、你希望別人提到什麼關鍵字時會聯想到你，並從中抓出三個關鍵字且設定場景。

　　我希望別人提到「WordPress」「架站」「接案」時，可以想到我的品牌「工具王阿璋」或我的線上課程「WP 全方位架站攻略」，因此每當舉辦活動、出席演講，我會將主題圍繞在「WordPress」「架站」「接案」這三個關鍵字，並在分享過程中反覆提到。透過這個方法經營一、兩年後，可以讓人直覺對你產生關鍵字與品牌的連結。

　　過去，我的重心一直擺在線上，但若要擴大事業規模，一定要整合線上與線下。**聊了一年的網友，不見得能贏過見面一次的朋友，網路與實體的黏著度一定有落差，而線下才能真正取得他人的信賴。**因此，近期我開始參與許多實體商業聚會，聚會中通常會有一段自我介紹的時間，有些講得

好、有些可能聽過就忘了。我統整出讓自我介紹脫穎而出的小方法，就是用三個關鍵字介紹自己的職業、優勢、能提供的服務。

抓出三個關鍵字其實非常不容易，我以自己為例子分享以下三種策略：

1. **最有獲利空間的主題**：WordPress 課程、部落格經營、Instagram 經營、投資。
2. **最能提供價值的方法**：自媒體經營策略、美國開公司經驗。
3. **最有興趣的合作方式**：演講、提供流量。

透過這三種策略，將每個主題標籤綜合篩選後，我的關鍵字便是：

1. **WordPress 講師**：曾任 WordCamp Taipei 2019 講者，可提供 WordPress 教學與架站服務。
2. **知識型自媒體創作者**：Instagram 擁有超過十五萬粉絲追蹤，分享各類型實用工具。
3. **美國公司**：擁有一家美國公司，可分享開設美國公司的經驗，並轉介相關人脈與資源。

這三個關鍵字代表了我的核心價值，更包含別人想獲得

的資源，也是我自己熱愛的主題。

現在，換你思考自己的關鍵字是什麼？什麼標籤最能代表你？你能提供別人什麼價值？透過這幾個問題抓出自己的優勢，不管是針對品牌的口碑行銷，或是針對個人的標籤印象，都能用這個策略來找到關鍵字。

過去幾年是線下商業轉型線上服務的過程，未來經營線上品牌仍然需要結合線下口碑，**當你能同時讓線上與線下發揮最大效益，就是品牌聲量與獲利達到最完美的狀態。**

阿璋心法

抓出三個關鍵字，創造口碑價值。

42 私領域社群經營心法

前面談到部落格、Instagram 等心法與實戰，這些平台屬於「公領域」流量，也就是對外公開，但你不知道對方是誰；社群平台則屬於「私領域」流量，有一定的封閉性或加入門檻，能有更多的雙向互動。無論公領域或私領域都非常重要，**透過公領域來擴大觸及，再藉由私領域來提高互動與增加鐵粉。**

私領域社群有非常多種選擇，以下列出我經營過的平台，包含 Facebook 社團、LINE 群組、LINE 社群、Telegram 群組，並分析其優缺點，希望能協助你打造最適合自己的私領域社群：

社群	優點	缺點
Facebook 社團	· 臺灣使用人數眾多。 · 人數近乎無上限。 · 方便管理成員。	· 觸及不到全部成員。 · 需特別設計互動貼文。
LINE 群組	· 臺灣使用人數眾多。 · 可用機器人輔助管理。	· 只能容納五百人。 · 不易管理成員。 · 可能會被翻群。 · 照片、影音有一定時效。

LINE 社群	・臺灣使用人數眾多。 ・最多可容納五千人。 ・可設定管理員、審核機制。 ・具有匿名性，不會被加好友騷擾。 ・可設定自動回覆機器人。	・許多詐騙廣告帳號加入。 ・自動回覆等功能偶爾會出問題。
Telegram 群組	・最多可容納二十萬人。 ・可用機器人輔助管理。 ・資料保存沒有時間限制。 ・尋找過去的連結或圖片很方便。 ・可連動推播頻道。	・臺灣使用人數較少。 ・訊息容易被忽略。

各私領域社群的分析

　　大多數人會使用 Facebook 社團，但必須定期經營，否則容易變成**「殭屍社團」**，明明有許多用戶，互動比例卻很低，如此一來 Facebook 會給予很低的評價，內容也難以擴散。

　　有過上述各種私領域社群的經營經驗後，**我最推薦用 LINE 社群來鞏固鐵粉圈。**LINE 社群是 2020 年 6 月上線的新功能，在此之前 LINE 只被當作通訊工具，而新推出的 LINE 社群卻打破了以往的定位，成為非常值得投資的平台。臺灣人使用 LINE 的比例和頻率高，也比 LINE 群組更好管理人數，能大幅提升用戶隱私。以下是 LINE 社群經營心法：

・初期要花許多時間與成員一一互動、提供資源。
・請專家或成員擔任管理員，協助回答問題、刪除廣告訊息。
・制定明確的主題與規範，並嚴格執行。

- 聲明彼此的利益，不要只有自己得利。
- 不定時開直播互動、爭取專屬好康優惠，回饋給成員。

　　LINE 社群經營初期不會立刻看到明顯的成效，需要投入一段時間，因此我統整了以下六個步驟，讓你快速上手：

步驟 **1**　設定主題範圍

　　聚焦一個明確的主題。以「嗜好」為導向能吸引非常精準的受眾，比如肉桂捲研究社、桃園美食饕客、特斯拉車主交流會等；也可以以「自己」為出發點，例如阿璋的小圈圈、阿璋好物分享等，與粉絲達到雙向溝通。此外最好與你的自媒體主軸相同，才能達到互相搭配、串聯導流的效果。

　　我喜歡研究加密貨幣，也發現一些不錯的投資策略，因此建立了 LINE 社群「阿璋 - 虛擬貨幣被動式投資」，分享給原本的自媒體受眾，也吸引對加密貨幣有興趣的族群。那麼什麼時候才能經營與自媒體主題無關的第二個社群呢？我的建議是，當你有了個人品牌，也就是無論你分享什麼，粉絲都會追隨你的時候。

步驟 **2**　制定群組規範

　　社群要運作順暢，一定要有明確的規則，例如討論範圍不可偏題、不能宣傳廣告、不得引戰，如果違反規定便踢出群組。

以我的「阿璋-虛擬貨幣被動式投資」為例，加密貨幣的投資方法有非常多種，如現貨買賣、網格交易、期現套利、放貸、合約等等，我鎖定在「低風險投資策略」，限縮討論的內容，也禁止廣告宣傳、內容偏題，讓社群運作得很有紀律。

此外，由於主題是投資，成員加入的最大目的是賺錢，像這樣的社群一定要表明**「開群目的」**。

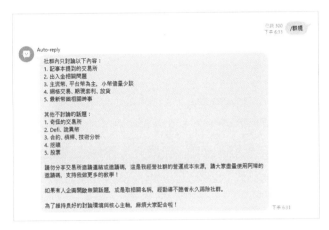

社群規範

我的開群目的是創造「雙贏互利」：我提供免費教學給成員；而成員若透過我的邀請碼註冊投資平台帳號，我便能獲得佣金。這是很重要的經營關鍵，畢竟有些人會認為：「很好賺幹麼不自己賺？」或者誤以為是詐騙。**表明雙方利益能增進彼此的信任感，讓社群更加緊密。**

步驟 3 規畫管理機制

當然也會遇到不管怎麼規範，總是有人違規的情況，因此要規畫好管理機制，例如設定共同管理員（請較活躍的成員協助或付費徵求管理員）來協助封鎖廣告帳號、設定垃圾訊息過濾器來篩選常見的廣告訊息、規範管理權限等。

垃圾訊息過濾器

步驟 4 整理重要訊息

「記事本」可以存放重要訊息，例如精華內容、常見問答、社群規範等。我在記事本中整理了最精華的加密貨幣投資策略重點，包括心法觀念、投資理財、系列文章教學等，

也額外提供一份「新手投資教學」，這麼一來就能避免重複的內容，也能讓新進成員快速找到實用資訊，並融入討論話題。當然，記事本限制為僅板主可張貼，避免加入太多不重要的訊息。

阿璋虛擬貨幣被動式投資社群 新手投資教學

社群須知

阿璋的社群理念

　　我開設這社群是因為想要分享虛擬貨幣不一定只有高風險的交易方式，也有低風險的投資策略，可以讓你增加更多的投資選擇。

　　有許多人都想接觸幣圈，卻連比特幣都還不知道怎麼買，跑去問一些社團，卻會被不友善的回答說又有一個韭菜要進來了，我實在看不慣這樣的心態，因此我是專門針對新手來教學。

　　投資並不一定要殺盡殺出才叫投資，很多人會手癢，看什麼漲就買什麼，但這樣真的好嗎？ 如果今天大漲大跌，你是不是還能安心睡覺，這就是我投資策略的核心。我認為在幣圈，只要不要貪心狂妄、不要被騙、不要亂聽消息就跟風，基本上都可以保持很高的勝率，追求比股票高一些的報酬就足夠了（年化 10~20%），得失心比較不會這麼重。

新手投資教學

步驟 5 　鞏固初始成員

　　經營初期不需要到處宣傳，主要是透過自媒體將原有粉絲導入，這些粉絲正是所謂的「初始成員」。花時間與初始成員聊天互動、提供實用資訊、解決問題，鞏固黏著度。**當取得初始成員的信任感，他們會更願意將時間和心力投入在社群，成為「固定班底」。**

　　我在初期只透過 Telegram 和部落格來宣傳（Telegram 裡是認識很久的粉絲、部落格文章的 TA 很精準），並專注在初期加入

的前一百名成員，讓他們願意花時間在社群中討論、互相認識，甚至協助我回答問題、管理社團。我也會不定時拋出一些問題或投票來開啟話題。

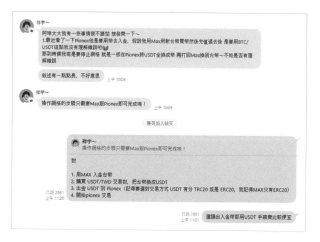

回答問題，建立信任感

透過投票調查，提高討論度

　　由於這是投資社群，只要帶領初始成員賺到錢，他們甚至會分享自己的獲利心得，也會邀請朋友加入。**比起轉移自己的粉絲，藉由朋友推薦而加入才是長久的經營之道，也是提高用戶體驗的概念。**

　　雖然我在 Instagram 有十多萬粉絲，但直到社群整體運作穩定，也就是不需要我特別參與也能有熱絡討論的時候，才在 Instagram 宣傳。這是因為社群經營初期若人數成長太快反而不易管理，不易管理會造成許多問題，例如成員很多卻只有我一個人在發言、難以培養固定班底、與 Instagram 顯得格外有落差等，所以專注在初始成員是非常重要的步驟。

成員分享心得，引起其他成員關注

步驟 6　大力推廣時期

　　當社群有了明確的經營規範、完善的管理機制、熱絡的固定班底，也就是完成前面的五個步驟後就代表運作穩定了。我投入了大約四個月的時間，成員也默默增加到一千人。

　　而當板主不必出聲，成員也能自發性地討論與互動，就表示經營成功，可以進到大力推廣時期。於是我開始在各個

管道宣傳，大約兩週的時間成員就增漲到二千人，而且仍然能維持良好的整體運作。

　　透過上述步驟順利經營的話，你會感到自己被視為「教主」，你說什麼是什麼，大家都很願意聽你的話，就像知名Podcaster 謝孟恭就被視為教主般的存在，無論業配什麼商品大家都買單。只要經營到如此境界，便很難出現競爭對手，打造一千個鐵粉就能讓你生活無憂。

阿璋─虛擬貨幣被動式投資

經營社群提高信仰，鞏固關係建立鐵粉。

43

人脈＞錢脈

　　我喜歡獨立完成工作，但隨著經營的平台變多，工作量也愈來愈大，舉凡部落格文章、社群平台貼文、客服溝通、影片製作、網頁設計、客戶接洽都得一人包辦，這才發現時間完全不夠用，於是我開始尋找人才，組織團隊。

　　這個過程中，我發現自己的能力雖然很強，但對團隊經營卻完全沒有概念。因為我平時的個性獨來獨往，很少與人有深度的交流或合作。雖然在自媒體上累積不少粉絲，但粉絲並不等於人脈，也不太可能詢問粉絲有關經營的問題。即使付費諮詢，也不是這麼容易找到一位能協助我解決問題的專家。

　　就在某次 WordPress 架站諮詢中，我剛好跟學生聊到人脈問題。他分享自己訂閱作家梅塔（Metta）的顧問服務，透過梅塔的人脈轉介解決各式各樣的問題。因此，抱著既期待又質疑的心態，我諮詢了這位聽起來「神通廣大」的梅塔。

　　成立美國公司之後，我一直想尋找一位會中文、熟悉網路生意稅務的美國會計師。我前前後後找了幾位，但無奈他們只熟悉傳統產業，完全不理解自媒體的稅務問題。梅塔了

解我的需求後馬上提供三位會計師名片，讓我自己決定要找哪一位合作。當下我在心中 OS 是：「我花了幾個月找不到的人，妳竟然瞬間就能找到，而且還找來三位給我選，人脈也太廣了吧？」

此後，每當我有專業問題想解決，都會尋求梅塔的人脈轉介，包含稅務諮詢、智慧財產專業律師、傳產合作廠商等。也在她的引薦下，我開始參加各領域的商務聚會，增加人脈資源。任何商業需求，她都有辦法替我找到對應的人脈。我才發現「人脈好的人竟然能夠呼風喚雨」，我也體悟到，**善用身邊的人脈，比自己單打獨鬥強上許多。**

思考人脈的本質，與你能提供的價值

提到人脈，往往與利益有關，尤其是商業上的人脈更是以利益為導向，這並沒有不好，不好的是你只想利用別人，而不是思考著如何互利。想獲得人脈，必須先讓自己「被利用」。說被利用可能有點極端，但商業上的人脈是互助成長，也就是你有能力幫助別人，別人才可能幫助你。當你提供足夠的價值，別人才會願意與你合作。**當你讓自己「有用」並且被需要，人脈自然會來找你。**

以我自己為例，我能提供的價值包括架設網站、自媒體經營策略、協助導流等，在商業聚會中我會特別強調這幾個重點。許多厲害的公司老闆在傳統產業的生意做得非常好，年營業額都以千萬為單位，卻不甚懂網路和年輕人愛用的主

流平台，或缺乏數位轉型的思維和經驗，因此對他們來說，我就有利用價值。我能協助他們轉型、曝光；他們則介紹更多人脈給我、與我分享組織團隊的經驗。

經營自媒體的好處就是「有本錢去交換資源」。 如果你只是一般的上班族，很少有機會可以跨越階級來獲得人脈，但如果你有流量、有粉絲，甚至有個人品牌，這些都能逐一提高自身價值。

了解人脈的本質後，我想分享三個增加人脈的策略：

策略 1 提高你的價值

當你的價值愈高，能獲得的人脈層級也愈高，擁有一萬粉絲的網紅與擁有十萬粉絲的 KOL 自然會認識完全不同階級的人脈。你愈出眾，能得到的資源當然愈獨特。既然你的價值是自媒體，提高價值的方式就是將自媒體發光發熱，例如組織團隊來提高作品產量、提升作品品質以獲取更多粉絲等等，都是很實際的做法。對於大老闆來說，**自媒體經營者的最基本價值是「流量、粉絲、變現」，再進階一點則是提供「策略、轉型、顧問」。**

策略 2 提高你的曝光

不管你擁有多少資源都要想辦法讓自己曝光。建議多參加商業聚會，像是 BNI、扶輪社等，有機會向別人介紹自己，提高合作機會。經營自媒體的最大優勢是曝光，大老闆

也希望你能曝光他們的商品與服務，但如果你連自己都無法曝光，就更難取得他們的信任了。

策略 3　借力使力

當你認識了一些朋友，可以透過他們的引薦獲得更多「隱藏客戶」。當然不是單向利用朋友，而是在互換資源與培養合作默契之後，藉由對方的引薦，認識更高階層的客戶，獲得更棒的價值。

阿璋心法

人脈與你能提供的價值成正比。

44 莫名的商業局文化

「您好，請問可以跟您換一張名片嗎？」

「我是從事×××的○○○，希望之後有合作的機會。」

這是在商業聚會上一定會聽到的話。多數人基於禮貌，都會拿出自己的名片與對方交換，我也不例外。不過，其實我的內心 OS 是：

「我們還會聯絡嗎……」

「為什麼我們根本不認識，你就跟我談合作呢？」

交換名片是商業聚會的傳統文化，你會發現只要一到自由交流的時間，每個人都在互換名片，而且通常聊不到兩句話就接著找下個人換名片，我也經歷過不少次這樣的場面。每次結束這樣的聚會後回到家，我總是從公事包拿出一疊名片放進抽屜，心想或許哪天會用到，但卻再也沒有拿起來過。事實上，名片只是一種聯繫方式，聯繫之後別人願意與你合作才是人脈。但更多情況是，當場只尬聊一兩句，或許過幾個小時後就忘記對方的長相，這樣當然不可能有什麼合

作機會。

　　我會隨身攜帶名片卻鮮少主動交換名片，因為我知道：**若要合作，絕對要深聊。**商業聚會通常會有自我介紹或發表個人意見的時段，我會在此時認真觀察誰是適合的合作對象，等到自由交流時間再主動向對方聊聊。我的流程如下：

1. 先以聚會中的主題切入，聊聊自己的心得或討論彼此的看法。
2. 向對方做簡短的自我介紹，包含名字、職位、專長、優勢等。
3. 聊天過程中感受彼此的頻率，並且盡量避免談到合作。
4. 如果聊得順利，直接加 LINE 以便後續聯絡；如果不順利，就跟對方握手道謝。

　　與其在雙方都還不熟悉的狀況下就進入談合作的階段，我會去感受「彼此的頻率」是否相符、溝通是否愉快，也會觀察對方的眼神是否流露出自信，換句話說，**「先認識人，再談合作」才是理想的方式。**若遇到別人主動來交流也是一樣，我會先觀察對方的舉止、了解彼此的頻率，若對方的眼神飄移，甚至不會直視我的眼睛，我會禮貌地告訴他：「很高興認識你，下次聚會有機會再聊。」如果雙方感受都良好，再互相留下聯繫方式。

　　交換名片是一種文化，可以留下彼此的聯繫資訊，更能

在過程中觀察對方的職業素養、社交禮儀。即使我認為交換名片不是那麼有必要，但還是會準備名片，並注重過程中的細節，例如名片保持乾淨無摺痕、遞送方向正確、認真看過對方的資訊等等。做好基本的禮儀，也能在別人眼中成為一個優質的合作對象。

阿璋心法

名片不是人脈，人脈需要深交。

45 美國開公司

2020 年 2 月，我成立一間美國公司「Johntool, LLC」。每次跟朋友提到我在美國開公司，他們都會覺得我在開玩笑。當然，我相信你身邊也不太有人有這樣的經歷，如果你有興趣就繼續看下去吧。

創立美國公司其實並不難，但需要花一些錢、一些時間尋找管道。由於 COVID-19 的影響，整個創立過程都是透過遠端完成。那到底是什麼原因，讓我願意花時間研究資訊、尋找管道呢？

首先要從我的收入說起。我某一部分的收入來源是與國外廠商合作業配或聯盟行銷，因此收款多為美元，並以第三方支付（PayPal、Payoneer）與電匯的方式匯入臺灣的外幣帳戶。然而我的日常花費以臺灣接案所賺取的新臺幣為主，用到美元的機率極低，因此我打算將美元收入全數電匯到美股券商，拿來投資。然而，這一來一回會產生許多電匯手續費，電匯時間也需要三天左右，無論時間或金錢的成本都很高，其中一個解決方法就是開設美國銀行戶頭來收款與投資。同時，我發現透過美國公司來開戶即可遠端完成，這也

是我在美國開公司的主要原因。

除此之外，**與美國廠商合作時，透過公司來接洽和簽約會更有利。**若取得「雇主身分識別號碼」（Employer Identification Number, EIN）有非常多的用途，像是金流服務 Stripe 可以與許多電商網站串接，收款也沒有上限。然而臺灣的金流服務無法串接一些國外的收款網站，對收款額度的限制也較大。

基於以上原因，我最終排除萬難，創立自己的美國公司，不僅讓美元收入直接轉移到美股投資，線上課程也能透過 Stripe 收款，不用擔心超出每月收款額度的限制，未來也有機會投資美國房地產、企業，讓我的事業規模愈來愈大。

美國公司開設流程

以下是創立美國公司的步驟和流程：

1. **思考公司開在美國的哪一州：**根據業務性質與稅務考量，我選擇開在免州稅的懷俄明州（Wyoming）。

2. **思考想開哪種公司：**外國人通常會開設 C Corp 或 LLC，由於靈活度與方便程度，我選擇 LLC。

3. **尋找開公司的管道：**我是透過美國的會計事務所包套代辦，包含公司的所有文件、銀行、雇主身分識別號碼

（EIN）、個人納稅識別號碼（Individual Taxpayer Identification Number, ITIN），雖然價格較高，但也輕鬆與完善。你也可以直接透過州政府的網站開設，自己處理所有資料。

4. **申請雇主身分識別號碼（EIN）**：這個號碼是用來報稅的，可以想像成臺灣公司的統編，在美國國稅局（IRS）網站就能線上申請，也可以透過美國會計事務所代辦。

5. **申請美國銀行公司戶**：要不要開公司戶都可以，但有公司戶會比較好報稅。多數銀行都需要創辦人前往美國開戶，但透過 Mercury Bank 即可線上開戶，過程需要視訊驗證身分。

6. **記帳與報稅**：開設完公司後，找好會計師協助報稅，美國的稅務資料超級繁瑣，不建議自己處理。我每個月會自己記帳，並於每年的一月提供給會計師，因為報稅期大約在上半年。

看完這些流程，我相信你可能會覺得非常苦惱，既要找開公司的管道、請美國會計師，未來也可能需要聘美國律師，所以應該能明顯感受到前面提到的「人脈」的重要性，我也很慶幸自己有一些管道協助我。

　　你可能也想知道成立一間美國公司需要花多少錢，其實沒有你想像的這麼可怕：

- **美國公司全套代辦：** 1,448 美元。
- **美國公司地址租借：** 124 美元 / 年。
- **文件簽署：** 25 美元。
- **會計諮詢：** 200 美元 / 時。

　　如果直接找州政府辦，總費用可能不到新臺幣 5 萬元。美國開公司沒有你想的這麼貴，也沒有這麼困難，只要找到正確的管道與人脈，你也能擁有一間美國公司。現在回頭看這些過程，當初花費很多時間自己摸索，但也增長許多公司的法律與稅務知識。目前我也正準備成立一間臺灣公司，好讓資金的運用和事業的經營更加靈活。

阿璋心法

> 遇到問題就要解決，
> 即使解決方法有如登天，
> 也要拚盡全力嘗試。

46 臺灣開公司

　　自媒體創作者到底要不要開公司呢？這個問題一直有兩派說法。開公司有助於在商業合作上更順利，例如有些廠商規定要開發票、有些公司希望開統編報帳、與政府合作通常需要以法人名義簽約等。但開公司會增加不少額外開銷，像是公司登記地租借、記帳、所得稅等，如果你是一人公司，而且獲利還不多，貿然開公司只是徒增開銷而已。

　　我的合作廠商大多是美國公司，通常都以個人名義合作，只要填寫 W-8Ben 表格就沒有稅務問題。與少數的臺灣廠商合作，也是以個人名義簽約，並透過勞務報酬單來解決無法開發票的問題。加上我是一人公司，其實沒有非開公司不可的理由。

　　然而由於長期與各廠商簽約，需要提供身分證與銀行資料，以個人名義在江湖闖蕩，讓個人資料到處流通，萬一遇到糾紛，可能因此吃上官司，甚至被凍結個人帳戶。如果透過法人來簽約，最慘的狀況是公司破產倒閉，不至於影響到個人名聲或財產，這是我想在臺灣開公司的主因。

　　這並不代表我會遇上糾紛，而是做一個重大決定時要考

慮不同層面。對我來說，**開公司不是為了賺更多錢，而是當我遇上最糟的狀況時，能透過公司保護自己，這就是所謂的「考量風險的決策」**。

我的另一個考量點是，隨著收入愈來愈多，個人所得稅也因此增加，然而添購器材的費用、支付交通費和員工薪資等則屬於公司支出項目，如果成立公司就可以扣除這些支出，同時也能降低所得稅。

此外，如果以個人名義買車，在財務上會是一大負債；若以公司名義租購，租車期間可以享有節稅（營業稅和營利事業所得稅的減免）、節省維修保養費用、無須擔心車輛受損失竊、管理方便（罰單、出險、檢驗均由租車公司專人處理）、保密性高等許多優點。

優點	缺點
· 可開發票。	· 增加許多額外支出。
· 可接洽政府與大型案件。	· 尋找公司登記地址。
· 可申請政府補助案。	· 處理勞健保。
· 可聘請正式員工。	· 定時報稅。
· 貸款更容易通過。	· 增加許多雜事。
· 公司開銷可抵稅。	
· 保護個人資產。	

臺灣開公司的優缺點分析

當然，每個人都有各自的適用狀況和稅務規畫，然而適當利用公司組織不但可以節省更多費用，甚至有助於加速事業的規模化。

自由工作者開公司的替代方案

身為一個自由工作者，收入不穩定，但又時常有開發票的需求，我謹慎思考了兩年才下定決心要開公司。畢竟公司一成立，必須每月負擔許多成本，**開公司容易，關公司卻很難**。以下透過我兩年的創業經驗，分享如果沒開公司有什麼替代方案：

- **勞健保**：自由工作者繳國民年金＋健保即可。健保可以掛在家人身上，也可以加入針對自由工作者成立的「網路自媒體從業人員職業工會」。

- **開發票**：若廠商要求開發票，可詢問能否透過勞務報酬單來取代；倘若不行，則可透過自由工作者的財務管理平台SWAP 來開立合法發票。

- **請員工**：如果需要聘請員工，而沒有開公司則無法處理勞健保，但一樣可透過上面的方式解決，並簽署合約，雙方以個人名義合作，或依照外包的方式以案計費。

絕大多數的需求其實都有相對應的解決辦法，臺灣的法律與稅務也並沒有這麼死板，但是千萬不要透過非法的方式解決問題或遊走在法律邊緣，例如違法代開發票、超過一定的營業額未開發票等。當你經營到一定的程度，還是有開公

司的必要：

- 合作廠商太多，個人資料有外洩的風險。
- 有一定的收入，能輕鬆負擔公司成本。
- 可能遇上法務糾紛。
- 有擴大團隊、租借辦公室的需求。
- 賣課程、賣商品、舉辦活動。
- 希望申請政府補助或銀行貸款。
- 有合夥人，需分配股份。

　　如果你擔心開公司會增加太多支出，其實也有一些降低成本的方法，讓財務不會太吃緊：

- **遠端工作：**節省設備與場地開銷，公司可登記在商務中心。
- **資源交換：**以你的技能或流量與廠商交換設備，如電腦椅、鍵盤、滑鼠等。
- **降低人力成本：**產學合作、僱用實習生或工讀生。

　　老闆的心態都希望支出愈低愈好，但有些錢不能省，像是人才、生產力工具、長期使用的設備等。**適當的省錢是節流，過度的省錢是吝嗇。**一個吝嗇的老闆終將使公司走向滅亡。有穩定的獲利模式、不省必要的支出，才是長期維持公司的經營之道。

阿璋心法

開公司不是必要，但必要時一定要開公司，
透過法人保障個人。

47 眼界決定你的世界

　　臺灣目前大多數的自媒體、行銷策略、商業模式都是從國外引進。這兩年才盛行的 Podcast 已經在美國發展十餘年，2018 年美國 Podcast 廣告收入就達 4.8 億美元；聯盟行銷最早出現在 1996 年 Amazon 推出的 Associate Program，而臺灣最早出現的聯盟行銷平台是創立於 2007 年的通路王。因此，**網路獲利的最佳捷徑就是學習國外的資源**，像英文的部落格、YouTube、Podcast 都是很好的管道。

　　除此之外，你是否在查資料的過程中發現，中文搜尋結果找不到答案，但改成英文搜尋時通常會出現很多解答？這是因為中文資源還不夠完整；然而國外市場已經非常成熟，也相當飽和。

　　理解這些背景後，你會發現國外與臺灣有一段明顯的資訊落差，而這個落差正是你可以發展的市場。舉個我親身的例子，我最早在部落格經營的主題是 WordPress 架站，每當我研究技術遇到問題時，在 Google 搜尋中文關鍵字找不到答案，但改為英文關鍵字卻跑出各種豐富的解決方法。我將這些解法統整起來，並轉換為中文，寫成一篇文章，既達到高

品質的產出，又能吸引中文市場的流量。當然啦，不是「直接翻譯」，而是內化為更棒的內容，才不會有侵犯著作權的疑慮。

除了部落格以外，YouTube 和 Podcast 也能向國外學習，而且學習重點是「呈現方式」。好葉在《一人公司的致富思維》書中提到，其手繪影片的呈現方式是學習國外 YouTube 心理學頻道《Practical Psychology》。由此可知，**想在中文市場的茫茫人海中創造獨特性，參考國外的呈現方式或使用國外的軟體工具，會更有機會闖出一片天。**

獲利模式更要學習國外

以線上課程平台來說，來自美國舊金山的 Udemy 就有超過十五萬堂的課程；而臺灣最大的 Hahow 不到一千堂課程，這說明了臺灣的線上課程市場還有非常大的成長空間。國外有各種千奇百怪的線上課程，像是教你如何當小丑、如何與動物心靈感應、如何倒立等等，幾乎所有專業領域都能開課。在國外平台搜尋與自己的專業領域有關的成功課程，便能從中找到一門商機。

提到聯盟行銷，一些人會在網路上抱怨根本賺不了多少錢，甚至給予會餓死等評價，這是因為臺灣的聯盟行銷市場還遠差國外一大段距離，例如許多商品並沒有提供推廣合作、廠商分潤較低、平台資源不足等。

在聯盟網上，你會看到 2021 年 2 月的獎金排行榜第一

名月收入 124 萬、第十名月收入 18 萬，這對於一般上班族而言是很高的收入，但前十名通常是成熟公司或大型團隊，我所認識的厲害推廣者在聯盟網上能達到 4 萬的月收入就算很不錯了。我曾經推廣一臺要價 2 萬～3 萬的筆電，但分潤只有 1%，相當於賣出一臺筆電只拿到 200～300 的收入，即使一個月賣出一百臺也只有 2 萬多的收入，根本不夠生活。

但，如果你推廣的是國外的聯盟行銷商品，分潤通常是臺灣的二到三倍。換句話說，推廣類似的商品，收入就能提高二到三倍，而且能選擇的商品種類更多，平台也更方便。因此，**比起專注在推廣臺灣的商品，不妨嘗試尋找同性質的國外商品，或許會發現新的一片天。**

再另舉一個例子，「訂閱制」是未來的獲利趨勢，也是維持終身營運的最佳策略，各領域都開始往訂閱制發展。許多軟體原先提供免費或買斷制，後來也改為月費或年費制。除了軟體以外，社群平台、頻道會員、雲端空間、線上課程、知識服務、私人群組在臺灣也漸漸盛行，提供會員付費訂閱制的 PressPlay 目前可說是臺灣最大的知識付費訂閱平台。抓住這股趨勢，從國外的成熟市場中找尋可以套用在自身的策略，發展出更有效的獲利模式。

「阿璋，可是我英文不好，該怎麼辦？」

每次我分享這些策略時總會有人這麼說。現在網路工具

發達，可以將整個網站翻譯成中文，影片也有字幕翻譯，就算真的不行，一段一段貼到 Google 翻譯也可以。英文不好只是逃避的藉口，如果你不願意突破，只能當一個後知後覺的網路創業者。**市場不是只有臺灣，國外資源的投報率更高，用自媒體超越國界，賺進國際金流。**

阿璋心法

> 掌握國外的網路資源，
> 思考跨國的獲利策略。

48 自媒體是參與企業的新捷徑

我們都知道傳統創業的風險非常大，需要大量的資金負擔開發成本、人力薪資、場地租金等，只要一失敗動輒賠掉數百萬，然而自媒體能跨越這道障礙，讓更多人開啟低門檻的網路創業之路。

自媒體多半是透過流量與內容來獲利，但流量可能因為演算法而下降、內容可能因為沒有靈感而停止產出，尤其是時事內容的創作者由於沒有長青內容來維持穩定的流量，只要停止產出就沒有收入。在第三章提到可以透過投資來穩固事業與持續增加收益，除此之外還有另一種方法是**「投入事業體」**。

所謂的投入事業體是類似傳統創業，但以提供優勢來換取股份。經營自媒體最大的優勢是流量與粉絲，對於企業來說就是自帶客戶來源。近期我投資了一個共生住宅的項目，我的方法是，**用較低的資金參與投資、負責行銷並分享給我的粉絲，透過高流量提升住宅的出租率**。此外，也有新創團隊找我擔任商業顧問，我因此分到一部分的股份。

如果今天我是一間公司裡的工程師，要拿到股份的機會

大概只有自己創業或合夥創業，但我選擇突破舒適圈，**透過自媒體創造流量，又透過內容展現專業，成功吸引到許多異業結盟。**一開始新創公司的股份並沒有太多價值，但若順利成長會變成一筆相當可觀的資產。

我歸類出以下三種方式，提供你從「自媒體發展到事業體」的機會：

1. 鎖定垂直領域，讓別人看到你的專業，成為該領域的前三名頭號人物。
2. 利用各種漲粉策略創造龐大的粉絲，有需求的人自然會主動找你合作。
3. 接洽企業內訓，吸引企業端注意你的能力。

《富爸爸窮爸爸》書中提到 ESBI 財富四象限，全世界所有人的賺錢思維都可以用這四種象限區分，分別是「員工」（Employee）、「自雇者」（Self-Employed）、「企業家」（Business Owner）、「投資人」（Investor）。絕大多數的人都屬於員工的層級，永遠在幫別人工作，薪水也有天花板；自雇者就像剛起步的全職自由工作者，雖然自由，但仍需花費許多時間賺錢養活自己；**若要晉升到財富等級，不是你很會投資，就是擁有一家企業。**

上一章提到「多元投資」，但終究有不確定性存在，所以建立企業或參與企業的營運也是致富的關鍵。**透過自媒體**

的經營，更容易跨越企業的門檻；透過自媒體的優勢，能以更低成本參與企業；透過自媒體的行銷，更有機會替企業獲利，最終成功地從自媒體轉換到事業體。

阿璋心法

從自媒體到事業體，創造跨越財富的契機。

49　反脆弱：不要過度樂觀

「假設哪天我的 IG 被盜了，網站也被駭了，那我還剩下什麼？」

「欸，你想太多了吧？這種事情不會發生啦！」

「是嗎？我只是不想要過度樂觀。」

我的部落格「Johntool - 工具王阿璋」在前陣子因為沒有啟用網域商的二階段驗證而被國外的駭客入侵，我的網域「johntool.com」差一點被賣出，幸好我及時發現，立刻聯繫客服救回。

擁有二十六萬訂閱的情侶檔 YouTuber 秀煜 Show YoU 就曾遭到駭客入侵，被更改帳密、刪除三年來的影片，對方還直播違法內容，讓他們的頻道一度被 YouTube 停權。網紅波特王曾在網路商城的 Facebook 粉專上傳一部反詐騙影片，卻被 Facebook 認定為詐騙而遭到永久關閉，一夕之間失去二十四萬的粉絲。**我們永遠無法預測未來，永遠不知道下一刻，而那些看似愈穩定的事，有時反而愈危險。**

即使你有一個鐵飯碗工作，仍然難保哪天被迫離職；當

紅的 YouTuber 也可能因為平台的演算法一改，就沒了流量與收入。我目前的主要收入來源是部落格與 Instagram，我經常在思考：如果這兩個平台同時消失，我還剩下什麼？對，就像是被害妄想症一樣，但卻是一直以來督促我成長的關鍵。

多平台經營策略

首先，我規畫更多平台，舉凡 Facebook 社團、LINE 社群、Telegram、TikTok、MeWe 等等，擁有多重曝光管道，才不會因為演算法的改變而沒落。

除了演算法以外，資安問題也是許多人會遇上的困擾，有些 Instagram 電商帳號沒有開啟二階段驗證，結果被駭客盜走，心血付之一炬，好不容易累積的粉絲全部消失，就此一蹶不振。有了這些前車之鑑，我們更該培養「**反脆弱**」[12]的能力與思維，不要因為某次失敗就被擊倒，也要打起精神，多方尋找救回帳號和資料的方法。

多元獲利模式

接著是獲利管道的擴散。我一開始的主要收入是聯盟行銷，因此我與超過一百間國內外廠商建立良好的合作關係，避免主要廠商突然中止合作而一時之間失去收入。除了聯盟行銷，我也藉由部落格增加廣告收入和固定的廣告版位出租收入，並推出自己的線上服務與線上課程，未來也會規畫品牌周邊商品，徹底打造個人的多元獲利模式。

Scale

---

[12] **反脆弱**：脆弱的相反詞，受到不良、負面事件的影響，不僅不會變壞，反而會更堅強。

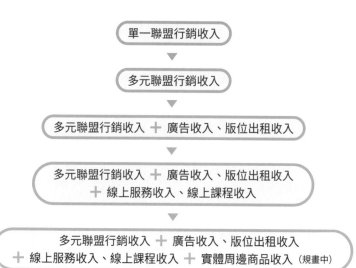

多元獲利模式

多元投資

我剛開始投資時接觸到「4%法則」：每年從退休帳戶的投資組合中領出4%作為生活費，只要投資年支出乘以二十五的金額達到一個年化報酬率超過4%的標的，就能達成財務自由並且退休。然而，這個法則有一些盲點：無法保證投資報酬率、無法負擔意外花費、通貨膨脹速度太快等。

因此，我將4%法則加以改良，不再只以4%為目標，而是找尋「7%」以上的多元投資管道，包含美股、加密貨幣、房地產、企業，透過不同的投資標的分散風險，並達成至少7%的年化報酬率。直到現在，我仍然持續關注任何的投資機會，因為世界變化很快，我告訴自己千萬不要因為一

時的成就而過度樂觀。

我們無法避免 **「黑天鵝效應」**[13]，但我們可以預期未來的不確定性，並思考若遇到該如何反應才能避開這些損失，甚至進而獲利。

「假設目前的成就與收入消失了，我還剩下什麼？」

我隨時在思考這件事。這樣的思維讓我從來不會過度樂觀，在成長的過程中隨時保持危機意識，拓寬自己的道路，即使失敗了，永遠還有另一條路可以繼續前進。

阿璋心法

即使功成名就，仍不要過度樂觀。

13　**黑天鵝效應**：極不可能發生，實際上卻又發生的事件。

一旦離開體制，
你就不會想再回去

　　這本書從自媒體到投資理財，從多平台經營到多元投資，從跨出舒適圈到透過網路打造財富之路……終於來到本書的尾聲了。在最後一節，我想回到人生跑道的起點，聊聊我如何看待「體制內」與「體制外」的生活型態。

　　「哈囉阿璋，請問你目前的工作是什麼？」
　　「我是全職的自由工作者。」
　　「欸？所以是在做什麼啊？」
　　「我經營自媒體，在網路上創作賺錢。」
　　「那是什麼東西啊？你的收入穩定嗎？」
　　「啊哈，你也可以想成是在家工作的工程師啦，收入不固定，但夠我生活。」

　　每次被問到「你是做什麼的？」都讓我很難回答，解釋了老半天，對方還是一臉狐疑的樣子，因為多數人仍然停留在「體制內」的思維。所謂體制內是指依循傳統教育與社會結構的生活型態，像是讀好書才有好工作、畢業後找一份穩

定的工作、平日上班打拼、假日在家放鬆等等，無法理解為什麼自媒體可以賺錢、為什麼不需要一份「工作」？

　　拿到清大資工所學歷後，同學們紛紛尋找高薪工程師的職缺，而我選擇在家經營自媒體，一步步摸索與耕耘，最後讓個人品牌發揚光大。我與大多數上班族不同，沒有所謂的上下班時間，每天睡到中午起床，在家煮一頓豐盛的早餐配上現磨黑咖啡，接著打開電腦工作，除了吃飯以外多半都在工作，而且不分平假日。但相對的，我可以自己分配時間，安排幾天的小假期出遊，**雖然自由，也要自律**。我的生活就屬於「體制外」的型態。

　　自從在新創公司實習，我就知道自己很不喜歡體制內的生活。有時上班很累，工作沒效率，卻無法好好休息；有時已經做好分內事，卻還是被主管責備；有時無論表現得再好，薪資總是有天花板。因此我尋找各種方法來擺脫傳統框架，最後選擇當一個自由工作者。

「自由工作者」到底是什麼？

　　但話說回來，自由工作者究竟是如何「維生」的呢？簡單來說，就是透過各式各樣的方法賺錢養活自己，比如演講、辦活動、接案、流量變現、販售商品等等，而且很重要的一點是，必須擁有多元收入管道才得以達到長期生活的「門檻」，換句話說，**自由工作者就是捨棄固定的薪資來換取時間的自由**。

優點	缺點
・ 自己安排生活的節奏。 ・ 可以平日出遊，不用假日人擠人。 ・ 無須請假，也可以安排長期旅遊。 ・ 不用看老闆的臉色做事。 ・ 收入沒有天花板。	・ 承擔入不敷出的風險。 ・ 很難向他人描述工作內容。 ・ 要有自主安排時間的能力。

自由工作者的優缺點分析

為什麼要離開體制？

我有一個朋友 K 是竹科工程師，每次見面吃飯時都要聽他千篇一律的抱怨：「主管超機車的，不讓我們準時下班，每天都要加班到九點，回到家快累得半死。」這樣的怨嘆，我聽過至少五十次以上。

「那你為什麼還要繼續待在那裡工作？」每次我都這麼反問他。

「沒辦法，不工作哪有錢？」他只回我這句話。

我身邊超過一半的人都頂著高學歷的光環，薪水也高於社會平均值不少，但總是不滿意工作，總是在抱怨主管。**因為他們太過依賴單一月薪收入，因為他們已經把人生全部寄託在一份工作上，自然只有「被選擇」的餘地，而沒有選擇的權利。**

你可能會認為：「他們工作很穩定、薪水很高，雖然很累，但至少有錢啊！」但是你也要設想一件事：**企業可以隨意割捨你，你卻很難輕易離開企業。**只要你的競爭力下降、生病、年紀漸長，遲早會被公司淘汰。為什麼明知道未來會

發生的狀況，現在卻不好好面對呢？

你可以持續進步、持續跳槽來增加自己的競爭力，這是體制內的最佳狀態；但如果你停滯不前，老是抱怨工作，也沒有持續進修，早晚會被踢出體制，連體制內都待不了。**單一月薪收入，代表你無法工作就無法生存。**

我的女友擁有傳播碩士學位，她原本對職涯的想像是：在時尚雜誌公司擔任高階主管，掛著知名頭銜在外闖蕩。後來她選擇跳脫體制，跟我一起創業，在家當個自由工作者。她跟我說：「現在的我，不用擔心被總編催稿、催進度。我可以自由自在安排什麼時候上下班；可以有餘裕自己煮健康的食物；還可以兼職獲得多份收入；也可以有更多時間培養興趣，像是插花、煮菜、潛水⋯⋯這些都是我過去從來沒想過的生活！」

你是否從沒想過跳脫體制？你是否喪失了人生最寶貴的選擇權利？許多人一心只想找到一份好工作，卻沒有發現工作會讓你失去「時間自主權」。賺錢的方式很多，但時間持續在流逝，如果用時間換取固定的薪水，只會讓時間愈來愈沒有價值，因為隨著年紀的增長，勞動力會下降、支出會增加，更不可能跳脫體制。想嘗試體制外的生活，最好的時機就是現在，一定會讓你有不一樣的人生體驗。

如何離開體制？

當然，每個人的個性和選擇不同，體制內與體制外的生

活各有優劣，如果你理解到體制內的風險，也想擺脫目前的上班族身分，一定要認真閱讀下面的方法：

步驟 1　加強自身能力

首先你要跳出目前的舒適圈，也就是做以前沒做過的事情，並且要為了改變而願意犧牲。假設你原本平日晚上和假日是休閒娛樂的時間，你要將這些時間拿去做能夠加強目前的專業或學習第二技能的事情，看書、上課、聽演講都可以。

離開公司之前，要先擁有一份足以生活的額外收入，你可以思考自己的優勢是什麼？希望未來的生活型態是什麼？是以原本的專業為主，還是讓自己的興趣變專業？以我自身為例，我的專業是打程式，所以我學習更多 WordPress 架站技能來加強自己的專業；後來由於要經營自媒體，我又學習社群經營、行銷、文案等知識來提升第二技能，才有辦法創造體制外的生活。

步驟 2　規畫與執行

當你找到方向就可以實際規畫收入來源。假設你的專業是提供服務，就嘗試在網路上接案；假設你想經營自媒體、透過流量來變現，就製作貼文、經營社群；即使你的專業無法套用，也可以嘗試舉辦活動，像是主辦演講邀請講者、成立付費讀書會、擔任兼職助理等。

　　我選擇從經營自媒體開始，嘗試流量變現、吸引潛在客戶，再運用專業協助客戶架設網站，也善用第二技能協助客戶管理社群平台等，尋找各種收入管道來打平開銷。

步驟 3　離職與擴大

　　當你的收入能應付生活開銷，或是你的收入已經達到目前的薪資，就可以正式離職。我知道離職一定會很沒有安全感，你可以發展新管道，找出長期穩定的兼職收入來源，讓心理層面更堅強。最重要的是，思考如何進一步擴大目前的事業，我提供以下的方法：

① **增加自己的時薪**：讓自己的時間變得更珍貴，並提高服務的收費。

② **重複利用時間**：讓自己的時間重複運用，例如錄製影片與線上課程同步進行。

③ **購買他人的時間**：用錢換取別人的時間，將最瑣碎且不擅長的工作外包出去。

　　按照以上三個步驟，透過多元收入降低生活風險，並享有時間自主權時，就代表著你打造了自己的事業，也是我認為「成功離開體制」的準則。希望你看到這裡，不再抱怨「時間不夠用、薪水好少、加班好累」，立刻從現在開始嘗試改變吧！

 阿璋心法

提升自己的能力，跳出社會的框架。

結語

Conclusion

結語

邁向下個里程碑

2020 年年底，透過梅塔（Metta）的介紹，認識了幫我出這本書的主編。當時心中真是又期待又怕受傷害，想著：「哇，我真的要出書了嗎？」「會不會聊完之後被拒絕？」「不知道我會出一本怎麼樣的書？」

興致勃勃地與主編討論各種待辦清單，包括下個月的目標、明年度的計畫，迫不及待想在書中寫下自己的未來規畫與策略時，主編問道：「除了未來的發展之外，我也想聽聽阿璋是怎麼一路走到今天的？」「怎麼會願意放棄竹科高薪，全力投入自媒體呢？」我這才意識到，我從來沒有好好檢視過去。

與主編閒聊的過程中，我回顧自己的心路歷程：因為不想當個年薪百萬的爆肝工程師，開始經營自媒體；規模擴大得十分迅速，讓我在畢業後即成為自由工作者；不到一年Instagram超過十萬人追蹤、賺到好幾桶金、開設線上課程、成立美國公司……我才驚覺，創業兩年的過程中累積了這麼多，而這些在我眼裡不值一提的過去，在別人心中卻是難以置信的成就。

出書，可以整理過去的成就

忙於網路創業的這段時間，一直追逐前方的目標、持續吸收新的知識，只為了分享更多內容給觀眾學習，無暇回顧過去，但我卻沒有想到，**過去的經驗和故事也是提供學習的方式。**

當你持續往前進時卻在某個階段遇上瓶頸，通常是因為「疲憊」。經營自媒體真的是每天重複做同樣的事，才能持續產出。此時最好的解決方式是，將自己過去的成就整理下來，即使只是寫了幾篇文章、被哪些平台轉載、受邀哪些演講、粉絲成長多少也好，不需要是多厲害的成就，**定時記錄過去就會成為未來的動力。**

出書，是一種經驗的傳承

每個人從小到大一定讀過不少書，每本書的作者將過去的經驗透過文字來呈現，一字一句都是好幾年的工夫。書不像課程這麼昂貴，絕對是大多數人負擔得起的價格，但一本書的知識含金量絕對不亞於一堂課程。**閱讀是最好的投資，讓你用少少的金錢換到滿滿的知識。**

我寫每篇文章的動機都是想解決別人的問題，當下次又遇到讀者問我相同問題時，我就能用文章連結快速分享自己的解決方法。但，當有人問我：「阿璋，要怎麼做才能有像你一樣的成就？」這個問題我就不知道該怎麼回答，因為這一路以來的過程並不是三言兩語能說明的。

　　成就是很難複製的，同樣的方法讓不同的人執行會產生不一樣的結果，但成就的過程卻有跡可循。我除了在書中分享一路以來的經歷，也說明每個抉擇背後的優缺點與我選擇的理由。很多人會為了成功而「模仿」，做出介面類似的部落格、寫出雷同的內容、創立相似的社群，但這些只模仿到表面，無法參透其中的心法。因此，我將自己的過去整理成一本書。我認為，**領悟一本書中的所有心法，並套用在自己的領域，才是最好的學習。**

出書，是心靈層面的加值

　　「作家」對我來說是個遙不可及的頭銜，我對語文一竅不通，更別說寫作，每次分數都超低，老師給的評語往往是「詞藻不優美、語句不通順」，根本就是個寫作白痴。每次看到暢銷作家引經據典、文情並茂，心裡總是讚嘆：「怎麼有人可以寫出這樣的文字？」

　　直到開始寫部落格，才發現自己擔任著工程師與一般人之間的「溝通橋梁」。雖然寫不出華麗優美的文章，但總能以淺顯易懂的字句搭配圖文解說，再複雜的軟體都能讓多數人輕易學會。因此，我最常收到的回饋是「太實用了、原來這麼簡單」，這些支持也成為我堅持下去的動力來源。

　　這本書，將一些複雜的經營策略和商業模式簡單化，不期望被稱作奇文瑰句，但希望你的評論是「一本很實用的書」「對我很有幫助」「實作之後有成果」，讓我更堅持繼續

寫作，也不愧對於「作家」這個我從來無法想像的頭銜。

阿璋心法

別顧著忙碌奔波，卻忘了回顧精采。

打開網路就有錢：
我靠自媒體與投資理財打造多元獲利模式

作者	呂明璋（工具王阿璋）
主編	陳子逸
設計	許紘維
校對	渣渣

發行人	王榮文
出版發行	遠流出版事業股份有限公司
	104 臺北市中山北路一段 11 號 13 樓
	電話／(02) 2571-0297
	傳真／(02) 2571-0197
	劃撥／0189456-1
著作權顧問	蕭雄淋律師

初版一刷	2021 年 8 月 1 日
定價	新臺幣 380 元
ISBN	978-957-32-9200-5

遠流博識網 www.ylib.com 遠流博識網

國家圖書館出版品預行編目（CIP）資料

打開網路就有錢：我靠自媒體與投資理財打造多元獲利模式
呂明璋（工具王阿璋）作
初版；臺北市；遠流出版事業股份有限公司；2021.08
272 面；14.8 × 21 公分
ISBN：978-957-32-9200-5（平裝）

1. 創業 2. 網路行銷 3. 個人理財

494.1   110010504